U0274017

实战案例 创意思路与设计全过程

书籍设计

微课堂

子木·著

BOOK DESIGN
Micro
classroom

首都师范大学出版社
CAPITAL NORMAL UNIVERSITY PRESS

图书在版编目（CIP）数据

书籍设计微课堂 / 子木著.— 北京：首都师范大学出版社，2017.09（2023.07重印）
ISBN 978-7-5656-3888-6

Ⅰ.①书… Ⅱ.①子… Ⅲ.①书籍装帧—设计—教材①TS881

中国版本图书馆CIP数据核字（2017）第227188号

SHUJISHEJI WEIKETANG

书籍设计微课堂

子木　著

责任编辑　徐建辉

首都师范大学出版社出版发行

地　　址　北京西三环北路105号
邮　　编　100048
电　　话　01068418523（总编室）01068982468（发行部）
网　　址　www.cnupn.com.cn
印　　刷　中煤（北京）印务有限公司
经　　销　全国新华书店
版　　次　2018年1月第1版
印　　次　2023年7月第4次印刷
开　　本　787mm×1092mm　1/16
印　　张　14.75
字　　数　110千
定　　价　58.00元

敬人有话说

　　由于历史的原因，以往的装帧观念只顾及面子，忽略了里子，书衣打扮成为设计师陷入偏离阅读审美的狭隘圈子。书具有其他艺术完全不同的欣赏形式，它具有物质性、时间性、空间性、流动性。书籍设计是以编辑设计的思路构建全书叙述的结构；以视觉信息传达的特殊性思维使文本增值的概念；以艺术工学的物化手段传递书籍五感阅读的魅力。书籍设计就是出版人、编辑、设计师，印制人以导演的身份演绎一出同一文本却有不同表情的故事。

　　子木所著《书籍设计微课堂》，以丰富的实例和深入浅出的解读，对书籍设计的每个重要环节从理念到手段都做了独具特色的介绍，一个好的设计师一定要掌握理论与实践，形而上到形而下的整体概念和方法论，该书为设计专业的学生提供了一部有特色的教材，也是从事书籍领域的设计者们学习与实践的参考工具书。

　　装帧如同短距离赛跑，书籍设计却像马拉松比赛，有一个较长的反反复复沟通交流的过程，耐看的书必然经过编辑设计、编排设计、装帧设计三位一体的艺术 × 工学的慢火炖熬的经历。书籍设计，留住阅读。

吕敬人

2016 年 10 月

　　你喜欢书籍设计吗？你觉得书籍设计是一件很文化、很惬意、很艺术、很有意思的事儿吗？你是院校设计专业的师生吗？你是书籍设计师吗？你是出版社、出版公司的编辑吗？你想了解书籍设计的私房菜吗？你想通过自学也能成为设计师吗？那么本书正是你需要的。本教材除了基本的知识点以外，最重要、最有特色、最实用的是列举了大量真实的设计案例。作者通过对 12 年书籍设计工作经验的总结，在"实战案例"栏目中重点展示了设计项目的创意思路和设计制作过程，读者很直观地就可以了解设计师不曾公开的秘密，这是本书的最大特色。对于书籍设计而言，它是一个很庞大的系统工程，需要日积月累的学习过程，但这个过程又是一个比较枯燥的事情。作者在设计工作中，写了大量的"设计笔记"，将真实生动的设计故事与读者分享，让书籍设计这件事儿变得生动有趣。本书以课件的形式，将书籍设计归类分析，避轻就重，使读者很容易就能掌握重要的知识点。本书在选择书籍设计作品时，根据课件内容的需要，与知识点一一对应，提高了学习效率。本书不仅仅选入了优秀的获奖作品，更有大量的畅销书籍作品；不仅有著名设计师的作品，更有一些默默工作的设计师的作品。本书所讲课程，侧重适合图书市场和读者容易接受的内容，避免华而不实。

　　对于面试者而言，工作经验比文凭更重要；对于教学而言，真实的社会实践比模拟的课题更实用；对于初学者而言，苦于没有任何经验，又不知道书籍设计里面的那些事儿，不知从何学起，那么本书可以告诉你很多你想知道而别的地方又不能获知的东西。现在，网络很发达，搜索设计作品和相关知识非常容易，但真实案例的设计细节就不容易找到了。书籍设计，只是整个图书出版流程中的一个环节，只借鉴优秀的设计作品是远远不够的，甚至学而无用。作为书籍设计师或将要成为书籍设计师者而言，必须要了解图书出版的所有环节，懂得怎样与作者、出版社、责任编辑、后期印制等相关人员高效沟通，这是必须要做的事情。这些知识，许多人苦于无法得到，本书就是要跟读者分享这些最实用的设计经验。

书籍设计基本装备

书籍设计基本需要三个方面的装备：一是相关书籍与资料；二是硬件，如电脑、扫描仪、打印机、数位板（绘图板）、相机和移动硬盘等；三是软件：如 Photoshop（图像处理）、Illustrator（矢量文件）、InDesign（制作排版）等。

具备哪些硬件装备或选择什么品牌，根据自身需要够用即可，没必要样样具备。软件装备的学习，可以完全自学，摸索的多了自然就会了。

还有很多设计需要的装备，可以根据自己的需要和使用习惯选用，建议能够经济实用即好。

喜欢她，追求她，
　　　跟书谈恋爱！

目录

第一章

书籍设计简述
知历史探规律

作为书籍设计师，一定是喜欢书的，或读者，或收藏者，总之要对书感兴趣。书既是商品，更是文化品、艺术品。只有自动自发地投入情感，才能成为一名名副其实的书籍设计师。那么，了解一些书籍设计的发展历史，对于初学者是非常有帮助的。第一课的内容仅为简述，供初学者了解基本知识，可以先读，也可以在设计实践中穿插了解。在日常的工作中，不断补充这方面的知识，有助于对书籍设计更深入地认知。随着设计能力的不断提升，需要更深更广的知识面来充实自己。

本章学习要点导读

第一课 古代书籍形式的历史演进

　　了解一下古代书籍的几种装帧形式和演进过程，将有助于学习者对传统文化的了解，可以帮助掌握书籍的知识和提高书籍设计兴趣。对其中的"旋风装""经折装""蝴蝶装""包背装"和"线装"，读者应加以细心了解和体会，尤其是"线装"需要重点学习和研究，因为它对现代书籍设计的装帧形式仍有实用、借鉴的价值。现在有很多优秀的书籍设计作品是受到这几种古代书籍装帧形式的启发而创意的。

第二课 近现代书籍设计的推进

　　作为书籍设计师，不可能什么类型的书籍都要设计，一定要侧重或有选择地学习和实践自己喜欢和擅长的种类和风格。本课中概述了百年以来的书籍设计发展状况和时代风格，学习者要重点了解 20 世纪以来的设计风格和装帧形式，从中找到发展规律，结合当代整个艺术风格的发展趋势，形成自己的书籍设计之路。重点要关注的设计人物有〔英〕奥伯利·比亚兹莱、陶元庆、吕敬人、朱赢椿、（中国台湾）王志弘等。

古代书籍形式的历史演进
了解书籍设计的发展历程

牛骨刻辞（商）
酷似残损古籍的一叶

讲书籍不能不说文字，文字是书籍的第一要素。中国自商代（前1600—前1046）起就已经出现较为成熟的文字了，就是甲骨文。从甲骨文的规模和分类上看，当时已出现书籍的萌芽形态。到周代（前1046—前221），中国文化进入第一次勃兴时期，各种流派和学说层出不穷，形成了百家争鸣的局面，作为文字载体的书籍，已经大量出现。甲骨文也已经向金文、石鼓文发展。随着社会经济和文化的逐步发展，又完成了大篆、小篆、隶书、草书、楷书、行书等文字体的演变，早期书籍的材质和形式也几经演变、逐渐完善。

龟甲刻辞（商）

甲骨刻辞→通过考古发现，在河南"殷墟"出土了大量刻有文字的龟甲和兽骨，这就是迄今为止中国发现最早的作为文字载体的材质。所刻文字纵向成列，每列字数不一，皆随甲骨形状而定。由于甲骨文字型尚未规范化，字的笔画繁简悬殊很大，刻字大小不一，所以横向难以成行。后来虽然在陶器、岩石、青铜器和石碑上也有文字刻画，但与书籍形式相去甚远。公元前2500年前后，古埃及人把文字刻在石碑上，称为"石碑文"。古巴比伦人则把文字刻在黏土制作的版上，再把黏土版烧制成书。

玉版→亦称"玉板"，古代用于刻字的玉片。据考古发现，周代已经使用玉版这种高档的材质书写或刻文字了，由于其材质名贵，用量并不是很多，多是上层社会的奢华用品。后来提及玉版，多指珍贵的典籍和重要文献，不仅限于玉石材质的称谓了。如"玉版宣"，是指用生宣纸加工成介于生熟宣之间的宣纸，为书画常用纸。

玉版《侯马盟书》（春秋）

竹简（汉），中国书籍最早的形制

简策与木牍→竹和木是中国最早正式的书籍载体之一。先把竹子加工成统一规格的竹片，再用火烘烤，蒸发掉竹片中的水分，以防止虫蛀和变形，然后在竹片上书写文字，即为"竹简"。竹简再以革绳相连成"册"，称为"简策"。另外用木片替代竹片的，称为"木简"，制作方法同竹简一样，这种装订方法，成为中国早期书籍装帧比较完整的形态。木牍，又称"版牍"，即用于书写文字的木片，未写字的为"版"，已写字的为"牍"。在纸出现之前，简策和木牍是主要的书写工具。书的称谓大概就是从西周的简、牍开始的，今天有关书籍的名词术语，以及书写格式和制作方式，多承袭于简、牍时期形成的传统。在秦汉时期，简策为主流书籍形式。当时欧洲盛行古抄本，所用材质多是树叶、树皮等。因竹、木材质难以保存长久，现在已经很难看到那些古籍了，就是在博物馆也难得一见完整的简策。

武威木牍（前凉）

☆设计笔记

　　有的学者也把商周时期出现在青铜器上的铭文，以及刻在石器上的石鼓文等，看作是书籍形式的一种。我认为，这些文字载体形式的出现与发展，从信息传播及典藏功能上讲，与书籍的特性有着很大的区别，不是同一个方向的问题，故不将其列入书籍的范畴。

缣帛→是丝织品的统称，与现在进行书画创作所用的绢大致相同。在先秦文献中曾多次出现了用缣帛作为书写材料的记载。缣帛质轻、易折叠、书写方便、尺寸长短可根据文字的多少，裁成一段，卷成一束，称为"卷"。缣帛常作为书写材料、与简策、木牍同期使用。自简策、木牍与缣帛作为书写材料起，这种材质与书写形式，能够使长篇文字得以记录，被书史学家认为是真正意义上的书籍形式的开始。

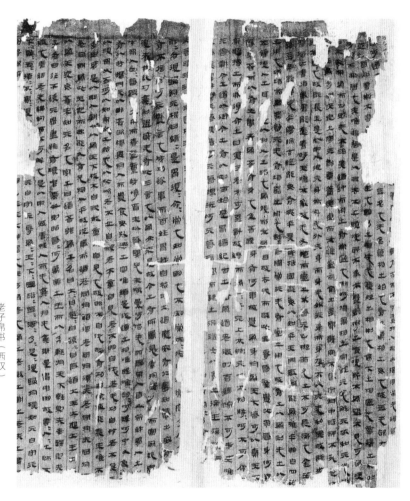

老子帛书（西汉）
为后来的卷轴装、线装书等形式奠定了基础

纸→据文献记载和考古发现，中国在西汉（前202—9）时就已经出现了纸。古人认为造纸术是东汉蔡伦所创，其实在他之前，中国已经发明了造纸技术，他只是改进并提高了造纸工艺。到魏晋时期，造纸技术、用材、工艺等进一步发展，几乎接近了近代的机制纸了。东晋（317—420）末年，正式规定以纸取代简缣作为书写用品。最早的西方文明起源于古希腊的米诺亚文化，它又受古埃及人的影响。古埃及的主要书写材料用纸莎草制成，在很长时间内，西方很多国家都用这种纸。中世纪以后羊皮纸代替了它。羊皮纸的出现，给欧洲的书籍形式带来了巨大变化。如果只强调书籍是文字的载体，并以此来为书籍下定义的话是不够的。石碑刻有精美的文字，布局可谓考究，且大多还装饰以纹饰，其标题、正文、落款等内容形式，也颇有书感，但石碑过于庞大，不易移动和传播交流，与真正意义的书籍难以相提并论。为何纸一经出现便迅速替代其他载体材质呢？因纸张具有轻便、灵活、便于装订成册等诸多优点。纸张这种书写材料的大量使用，使得书籍才真正谓之为书。

麻纸（西汉）

纸莎草纸画〔古埃及〕
古代中国与古埃及有造纸文明的渊源

纸莎草纸〔埃及〕
现在人用纸莎草制作的纸

在中国的四大发明中，有两项对书籍装帧的发展起到了重要的作用，就是造纸术和印刷术。纸的发明，逐步确定了书籍的材质；隋唐雕版印刷术的发明，促成了书籍的成型，这种形式一直延续到现代。印刷术替代了繁重的手工抄写，缩短了书籍的成书周期，大大提高了书籍的品质和数量，从而推动了文化的传播与发展。在这种情况下，书籍的装帧形式也几经演进。先后出现过"卷轴装""旋风装""经折装""蝴蝶装""包背装""线装"等形式。

卷轴装→中国最初期的纸书，像简、帛那样做成卷轴，称为"卷轴装"，也称"卷子装"，两晋南北朝至五代（265—960）时期已盛行。轴通常是一根有漆的细木棒，也有的采用珍贵的材料，如象牙、紫檀、玉、珊瑚等，卷的左端卷入轴内，右端在卷外，前面装裱有一段纸或丝绸，叫作镖。镖头再系上丝带，用来缚扎。卷轴装的纸本书从东汉一直沿用到宋初。卷轴装书籍形式的应用，使文字与版式更加规范化，行列有序。与简策相比，卷轴装舒展自如，可以根据文字的多少随时裁取，更加方便，一纸写完可以加纸续写，也可把几张纸粘在一起，称为"一卷"。后来人们便把一篇完整的文稿称作"一卷"。隋唐（581—907）以后中西方正处于宗教兴盛的时期，卷轴装除了记载传统经典史料等内容以外，就是众多的宗教经文，现存世的大量敦煌遗书，绝大多数是那个时期的卷轴装书籍。卷轴装书籍形式发展到今天很少采用，但在书画装裱中仍常见。

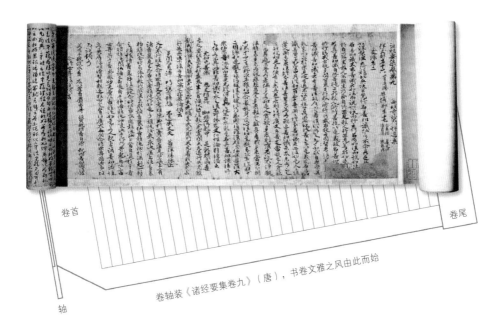

卷首　　　　　　　　　　　　　　　　　　　　　　　　　　　卷尾

卷轴装《诸经要集卷九》（唐），书卷文雅之风由此而始

轴

旋风装→又称"龙鳞装"，由卷轴装演变而来，曾流行于唐代（618—907）。具体做法是把写好的纸页，按照先后顺序，依次相错粘贴在整张纸上，类似房顶贴瓦片的样子。旋风装翻阅每一页都很方便，是卷轴装向书册过渡的装帧形式。它的外部形式跟卷轴装区别不大，内部结构却有很大的不同，可以根据文字的多少增减页数，底纸不用做得很长，也能容纳大量的信息，但是，仍需要卷起来存放。

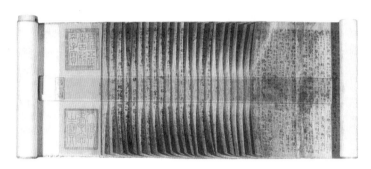

旋风装《刊谬补缺切韵》（唐）

　　经折装→随着社会发展和人们对阅读书籍的需求增多，卷轴装和旋风装的许多弊端逐步显露出来，已经不能适应新的需求。阅读卷轴装书籍的中后部分时也要从头打开，看完后再卷起，比较麻烦。唐代中叶以后，开始出现了经折装的书籍形式，它的出现大大方便了阅读，也便于取放。具体做法是将一幅长卷沿着文字版面的间隔中线，一反一正地折叠起来，成长方形的一叠，在首末两页上分别粘贴硬纸板或木板。它是一张完整的纸或是多张纸粘连在一起的，折起来是一本书，展开是长卷。它的装帧形式与卷轴装已经有很大的区别，形状和今天的书籍非常相似。

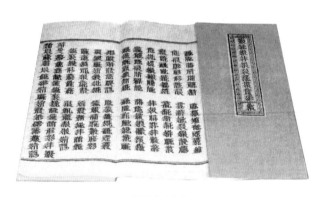

经折装（唐）

蝴蝶装→蝴蝶装简称"蝶装"，又称"粘页"。在中国唐、五代时期，雕版印刷技术已经很盛行，而且印刷的数量相当大，以往的书籍装帧形式已难以适应飞速发展的印刷业，古人在积累前人经验的基础上发明了蝴蝶装的书籍形式。蝴蝶装就是将印有文字的纸面朝里对折、背面向外、折口向右集齐作书背，形成书芯。蝴蝶装的书籍，在翻阅的时候就像"蝴蝶"飞舞的翅膀，即形象地称为"蝴蝶装"。蝴蝶装用糨糊粘贴在包背纸上，然后裁齐成书。蝴蝶装虽然不用锁线，却很牢固。可见古人在书籍装订的选材和方法上善于学习前人经验，积极探索改进，积累了丰富的经验。

蝴蝶装《欧阳文忠集》居士集卷第十二（宋）

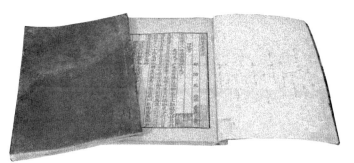

包背装（宋）

包背装→鉴于在翻阅蝴蝶装书籍时容易散开的缺点，到南宋（1127—1279）时期包背装逐步取代了蝴蝶装。其对折页的文字面朝外，无文字的背面朝内、折口向左集齐作书口、版心内侧余幅处用纸捻穿起来，用一张稍大于书页的纸贴书背，从封面包到书脊及封底，然后裁齐余边，这样一册书就装订好了。包背装的书籍除了文字页是单面印刷，且每两页书口处是相连的以外，其他特征均与今天的书籍相似。

☆**设计笔记**

古代的书籍装帧形式虽然已经成为历史，但它们的经典之处仍然可以为我们今天的书籍设计发挥着新的作用。在一次中央美术学院的学生毕业作品展上，我欣喜地发现，有一件旋风装的书籍设计作品，精美的插图和精练的文字一页页展现在观众的面前，传统与现代相融合，可谓是一股清香伴阅读。

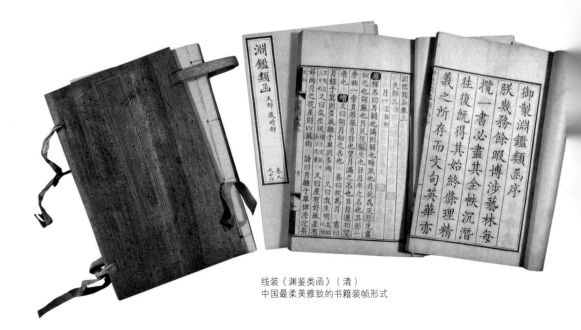

线装《渊鉴类函》（清）
中国最柔美雅致的书籍装帧形式

　　线装→是中国古代书籍装帧的最后一种形式，它与包背装相比，书籍内页的装订方法一样，区别之处是两张纸分别作为封面和封底与书芯一起用锁线装订起来。锁线主要有四针六针八针（眼、孔）订法。有的珍善本需特别保护，就在书籍的订口处两个角上包上绫锦，称为"包角"。线装书的出现适应并推动了书籍得以大量生产。线装书从明代（1368—1644）中叶以后逐步成为中国书籍装帧艺术的主要形式，至整个清代（1644—1911）及民国大部分时期，线装书为主流书籍装帧形式。线装书不仅样式柔美雅致，还方便阅读，既轻便又牢固，不易损坏，易于长期保存，尤其是用宣纸印制的线装书，保存几千年也不成问题。线装形式的出现，对以后的书籍设计发展影响深远，并且现在仍有很多书籍采用这种装订形式，这就是经典不朽的传奇魅力。

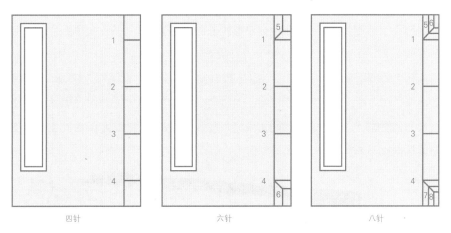

四针　　　　　　　　　六针　　　　　　　　　八针

线装书锁线订法示意

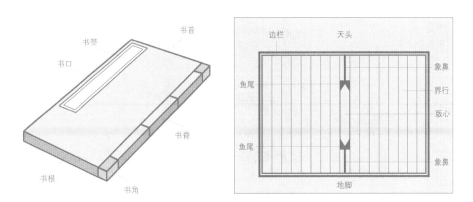

线装书部位名称示意

☆ **设计笔记**

　　了解古代的书籍形式，除了多看书，还要多关注图书馆、博物馆、古旧书店等，参与古籍书展览和讲座，更可直观地认识它们。我曾多次观摩国家图书馆的古籍展览，对古籍修复技艺也多有了解。在欣赏那些精美古籍的同时，不禁为先祖的聪明智慧而感慨，也极大地激发起我的设计激情。或许有人会问：现在的书籍跟古代的书籍形式完全不同了，了解那些古老的东西有什么用呢？书籍形式无论再多变化，都是从一个文化的脉络演化而来，在这个过程中找到演化的规律，就离书籍设计大师更近了。对于书籍设计师而言，越是觉得自己的设计能力很强，就越需要注重从传统文化中获取营养。

另外还有流行于唐、五代时期的梵夹装（仿古代印度贝叶经的装帧形式，今天藏文佛经书仍在用）和宋、明以后的毛装（草装，粗糙，随便装订），因不是主流装帧形式，故不做细说。中国书籍设计的起源和演进过程，至今已有两千多年的历史。在长期的演进过程中逐步形成了古朴、简洁、典雅、实用的东方文化特有的形式，在世界书籍设计史上占有重要的地位。在欧洲，自文艺复兴以来，书籍出版与书籍装帧形成了工艺精湛、设计精美的风格，为世界留下了大量的精美典籍。在当今这个现代化潮流涌动的时代，每个出版人及书籍设计师都面临着现代与传统的继承与冲突的问题，研究书籍设计历史的演进，总结前人经验，以更好地推动现在书籍设计艺术的发展。

梵夹装（清）

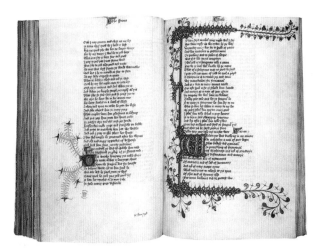

精装《坎特伯雷故事集》〔英〕，文艺复兴时期的精美书籍

自测作业：写一段话，描述一下中国古代线装书的特点。

近现代书籍设计的推进
掌握书籍设计的发展规律

　　20世纪80年代以来，出版业的逐步放开，从事书籍设计的工作室，不断涌现。从书籍装帧到书籍设计的理念已为世人所认知，并且对出版业的发展正发挥着重要的作用。将书籍设计作为一门独立的艺术学科来研究与学习，也得到了大家的公认。现代的书籍形态，是在一百多年的发展中逐步形成的。

　　19世纪，第二次工业革命和新文艺复兴运动的开展，一些先进的科学技术也随之体现在书籍的改革和发展中。手工状态的书籍装帧逐渐步入手工与工业生产相结合的形式，因此书籍为工业产品的概念渐显出来。艺术手段在书籍装帧中的运用也丰富和方便起来，以

《吉奥弗雷·乔叟作品集》书籍封面
〔英〕威廉·莫里斯设计，1896年
繁琐复杂的图案是当时欧洲最流行的装饰纹样

"工艺美术"运动推动书籍装帧艺术发展的新浪潮开始了，其领导人物是英国的威廉·莫里斯。他的整体设计意识很强，多以精细的花卉图案和插图装饰版面，

对文字的设计也是极具艺术性。他还建立了"凯姆斯科特"印刷厂，来印制书籍，被誉为"现代书籍艺术的开拓者"。当时，主要是木版印刷，装订水平已经非常

《莎乐美》书籍插图，〔英〕奥伯利·比亚兹莱，1893—1894 年。个性张扬且唯美的插画作品影响至今

高超，出版了大量的精美书籍。西方的书籍非常注重插图的使用，它丰富和提升了书籍的文化艺术品质，对后来的中国新兴文化和书籍设计影响很大，也改变了中国的传统典籍观，丰富了书籍刊行的种类。

19世纪末，是传统设计向现代设计的过渡阶段，这就是"新艺术"运动。"新艺术"大大超越了"工艺美术"的传统艺术观念，增强了艺术创作力和夸张的艺术表现力。"新艺术"运动的领军人物是奥伯利·比亚兹莱，提到这个名字，首先会想到由黑白对比强烈和潇洒飘逸的曲线构成的图画，在书籍插图设计方面具有无可替代的艺术地位。他在1893年阅读了王尔德的剧本《莎乐美》之后，突发灵感，为《莎乐美》创作了一幅插画，使他一举成名。比亚兹莱的插图艺术作品影响力遍及整个欧美地区，同时对中国书籍设计艺术的影响也是非常深远的。

20世纪初，书籍设计艺术吸收了许多现代技术，并且受到了新的政治思想的冲击，从而产生了"现代主义"设计艺术。荷兰的"风格派"运动，以及德国包豪斯设计学院的成立和俄国的"构成主义"运动，他们成了欧洲"现代主义"设计艺术的三大代表。随后，中国的书籍设计艺术观念主要是受到了俄国"十月革命"的影响，出现了很多俄式风格的书籍设计作品。"十月革命"的胜利也极大地激发了俄国文艺那个时代为现实服务的艺术设计热情。俄国的"构成主义"

《战争组合》书籍封面，〔俄〕奥尔加·罗扎诺夫设计，1916年
几何图形构成，代表了那个战争时代的艺术风格

《风格》杂志封面
〔荷〕西奥·凡·杜斯柏格设计，1917 年
几何图形的秩序美

主要的设计风格就是反传统的，其线条、图形、色块等设计元素的几何构成，简单明确，具有很浓厚的政治宣传色彩。

德国的沃尔特·格罗佩斯成立的"包豪斯设计学院"对现代主义设计产生了重要的影响，其设计风格主要凸显了图形的表现力，包豪斯图形设计特别讲究不对称的次序感，擅于表现几何图形的变化，就连字体设计也融合了这种手法。荷兰的"风格派"则是抽取了绘画中的艺术语言，也是结合几何图形的个性，简单的色彩构

《灵魂》书籍封面，佚名设计，1928 年
学习西方现代主义书籍设计风格的作品

《戈壁》半月刊封面，叶灵凤设计，1928 年
抽象的图形设计，是受到了西方新艺术风格的影响

成，版面设计比较轻松随意。其代表人物是荷兰的西奥·凡·杜斯柏格。

在20世纪20年代的中国，田汉创办"南国社"，并最早介绍比亚兹莱的作品到中国。田汉曾用比亚兹莱的黑白画作《南国》周刊的刊头装饰和内文插图。后来他翻译英国剧作家王尔德的《莎乐美》时，也采用了原书中比亚兹莱的插图、封面画和目录装饰图。后来"创造社"的郁达夫在《创造周报》上介绍了比亚兹莱的绘画，叶灵凤就是从田汉、郁达夫的介绍中知道了比亚兹莱，并开始学习比亚兹莱的绘画风格。鲁迅于1929年还特意编印出版了《比亚兹莱画集》，随后又出版了许多版本的画集，对中国的书籍设计和绘画艺术影响很大。"新艺术"的最大风格就是突出唯美的装饰主义，装饰的观念被中国的"新文学"运动所广泛吸收，鲁迅就是倡导以美的图画装饰书衣的先行者，并且还亲自设计了多部书籍，对中国的现代书籍设计做出了很大的贡献。受其影响，产生了一批具有影响力的书籍设计家，如陶元庆、孙福熙、钱君陶、司徒乔、林风眠、丰子恺、陈之佛、叶灵凤、张光宇等。其中陶元庆

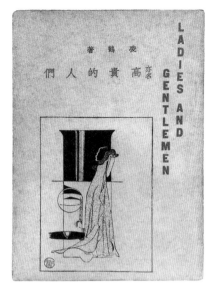

《高贵的人们》书籍封面，陈静生设计，1934年
封面图画为学习比亚兹莱插画艺术风格

《呐喊》（毛装）书籍封面，鲁迅设计，1926年
简约与凝聚力，营造视觉冲击力，呐喊吧

☆设计笔记

　　民国时期的中国，出版业是非常发达的，不仅因为出现了一大批著名的文化人，同时也造就了一大批书籍设计家。对于今天的书籍设计师而言，我们不仅从他们身上学到了设计的新思维，更感受到了他们的艺术精神。鲁迅是那个时代的大文豪，同时他还是一位功夫了得的书籍设计家，他有多部著作的书籍设计，均出自他本人之手。还有一位与鲁迅同时代的著名书籍设计家——陶元庆，作为设计师，这两个人的名字和设计思想，是我们必须要知道的。我收藏了许多明、清、民国时期的古旧书籍，对其装帧设计规律多有研究。

是最有成就的书籍设计家，他的设计作品文学艺术性极高，这与他广泛地与当时大批著名的文学艺术家密切交往与合作密不可分，他为鲁迅的著作做书籍设计最多。这个时期是中国出版业的繁荣时期，许多文学家、艺术家、社会学家交流密切，尤其是大批艺术家也参与到了出版中来进行书籍设计，这极大地促进了书籍

《故乡》（毛装）书籍封面，陶元庆设计，1926 年
淳美的色彩，奇巧的构图

《欧洲大战与文学》书籍封面，钱君陶设计，1928 年
用报纸剪贴及各种形象图形，具有达达艺术风格

设计的发展，对步入新时代的书籍设计有着深远的影响，在中国书籍设计发展史上具有里程碑式的意义。

现代主义在设计风格上逐步成熟的同时，又产生了新的变化，"新客观主义"风格在 20 世纪 20 年代中期逐步形成。新客观主义更彻底地抛弃了传统风格，拒绝线条装饰手法，完全以不对称式的块面作为主要设计手段，运用强烈的明暗对比，突出书籍主题。新客观主义非常强调版面设计的力量，为读者与作者的沟通

☆ 设计笔记

　　我在学校并没有学习过设计专业，学的是中等基础美术。由于喜欢读书，对书很有感情，所以在一个偶然的机会，我从事了书籍设计工作。又是因为做了书籍设计，我对收藏古旧书籍产生了浓厚的兴趣，尤其是民国时期的"新文学"书籍，封面设计是否美观成为收藏的条件之一，如鲁迅的著作及他本人设计的《引玉集》《呐喊》等书籍，陶元庆设计的《彷徨》《故乡》《苦闷的象征》《语丝》等书刊。这些书籍不仅具有珍贵的收藏价值，对我的书籍设计创意也有着激励和启发的作用。

创造艺术平台。随后，书籍设计利用新科技工业的许多优势，也推动了印刷技术的革新，从而为将来的照相凸版印刷技术的产生创造了条件。中国在20世纪初期，正是"新文化运动"和"新文学"发展壮大的时期，同时在新、旧两股文化力量的共存中，对书籍设计的风格也形成了两大阵营，一是"新文学运动"的新书籍设计观，二是坚守传统的旧设计观，尤其以"新文学运动"为代表的设计观成为一股受青年人喜爱的主要力量。

还有一种与现代主义不同的设计风格，这就是"装饰艺术"风格的书籍设计。"装饰艺术"注重明快的色彩、清晰的线条，以及图案、图形和平面构成的装饰性。当时最突出的是美国的书籍设计界，美国人爱德华·科夫是"装饰艺术"运动的重要代表人物。后来"装饰艺术"逐步发展成以绘画为主要设计风格，从而奠定了现代设计的基础。

《彷徨》（毛装）书籍封面，陶元庆设计，1926年
新文学运动风格的经典之作

《狂热的故事》书籍封面，
〔美〕爱德华·科夫设计，1927年

《爱》书籍封面，佚名设计，1937 年
民国时期的书籍设计风格

《血与火花》封面，钱君陶设计，1946 年
选取欧洲古典人物版画，唯美至极，令后人不敢仿

20 世纪上半叶，书籍出版受到了市场国际化的影响，对书籍设计也多了一些标准化的要求，一些发达国家领先开创了"国际主义"设计风格。它力图通过简单的网格为设计基础，文字和插图等都安排在版面框架中，这种比较规范的设计风格被世界大多数国家所接受，成为国际上的普遍形式。同时，以青年人为主流的新思潮，加以对西方唯美艺术的垂青，在整个民国时期的书籍出版与设计中，将欧洲唯美的古典主义美术作品用于书籍设计中，仍占有一席之地。艺术家钱君陶曾为上海万叶书店设计了一系列唯美的书籍封面，受到了年轻人的追捧。而在中国共产党领导的红色区域，由于经济条件所限，生产物资极其匮乏，给书籍出版造成了很大的困难。书籍是革命军民不可缺少的精神食粮及战斗武器，他们克服了种种困难，仍然出版了大量的书籍、刊物等。这些出版的书籍以粗糙的纸张、浑浊的油印、铅印、石印、木板印等，加以"红色"风格的版画、简单的装帧设计等，形成独特的"红色"书籍风格。1937 年，新华书店在延安清凉山创立，它在抗日战争与解放战争的硝烟中成

《晋绥解放区鸟瞰》封面，佚名设计，1946 年
独特的解放区书籍风格

长，担负着巨大的出版和发行任务，它也成为新中国成立后最大的出版发行机构。

20 世纪后半叶，新中国成立后，百废待兴，书籍设计也开启了新的时代。许多艺术家积极参与书籍设计，出现了大量的优秀设计作品，对推动中国的现代书籍设计做出了重大贡献。书籍设计风格呈现多样化，优秀的传统艺术风格和新兴的时代艺术风格都能在书籍设计中体现，最突出的风格就是"红色"书籍。英国的企鹅出版社，从 20 世纪 30 年代创办，发展到 20 世纪末成为世界最著名的大型出版集团，"企鹅"的书籍风格几乎家喻户晓。20 世纪末，出版产业也开始关注个性、人文、环境和资源，环保再生纸的使用成为趋势。在出版技术上，激光照排技术和计算机的普遍使用，大大改变了书籍设计的局面，使设计及制作工作变得方便高效起来。游戏般的几何形状、多层次及碎片化的图像、轻柔的淡色调、丰富的美术手法等，形成了"后现代主义"书籍设计风格。不仅是欧美国家，亚

《THE CODE OF THE WOOSTERS》书籍
1953 年，企鹅出版社

《ALBERT ANGELO》书籍封面
〔英〕菲利普·汤普逊设计，1964 年
具有英国维多利亚时期的海报设计风格

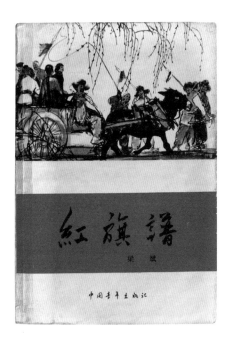

《红旗谱》书籍封面
黄胄画，佚名设计，1957 年
中国画艺术用于书籍设计中，独具时代特征

《巧妙的游击战》书籍封面
张守义设计，1965 年
具有方向性的图形，凝聚力量

《红旗飘飘》书籍封面
邱陵设计，1979 年
动感图形直观地映衬了书籍主题

洲国家的书籍设计也开始立于世界之林，出现了许多东西方交融的优秀书籍设计作品。逐步广泛的世界文化交流，使得中国许多优秀的出版物，也被大量地翻译成各国文字，出版输出到世界各地，同时也将中国文化特有的书籍设计风貌介绍出去，如巴金、老舍等一批著名作家的作品。当然，中国引进国外的名家著作也是很多的，以苏联的作品最多。在这一时期，活跃在书籍设计界的代表人物，西方有〔美〕保罗·兰德、〔美〕保罗·培根、〔英〕爱德华·鲍登、〔英〕菲利普·汤普逊、〔英〕约翰·格利菲斯、〔英〕比尔·波顿、〔美〕路易斯·菲利〔美〕比尔等；中国的书籍设计家有邱陵、张慈中、张守义、宁成春、钱月华等。还有一些画家如蒋兆和、丁聪等，也参与过书籍设计。

《骆驼祥子》（英文版）书籍封面
佚名设计，顾炳鑫画，1981 年
书籍设计之绘画的魅力

《THE LOVER》书籍封面
〔美〕路易斯·菲利设计，1985 年

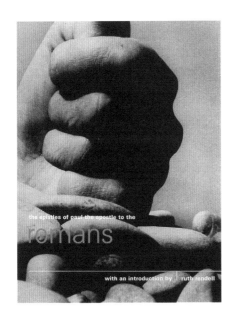

《ROMANS》书籍封面，
〔美〕比尔设计，1999 年
将照片合成为一幅能够震撼人心的画面
具有戏剧性的效果

日本于第二次世界大战之后，逐步成为经济发展大国，在书籍出版及书籍设计领域获得飞快的发展，他们把欧美和中国的设计艺术理念进行完美地结合，并产生了独特的设计风格，成为东方设计文化的重要力量，代表人物有杉蒲康平、

《全宇宙志》书籍整体，
〔日〕杉蒲康平设计，1979 年

《槿》书籍整体，〔日〕菊地信义设计

菊地信义等。

20世纪末到现在，中国出版业同其他行业一样，已经进入了一个飞速发展时期，加快了变数，书籍设计步入全新时代。出版与艺术设计的广泛交流与合作，以及民营出版业的新兴与发展，都为整个书籍出版环节注入了极大的推动力。同时，书籍设计也有了很大的变化，一些新技术、新工艺以及网络信息化的设计理念融入书籍设计中，成为新时代书籍设计发展的前奏。吕敬人、陶雪华、袁银昌、朱赢椿、吴勇、王志弘（台湾）等，为中国当代书籍设计界的领军者。

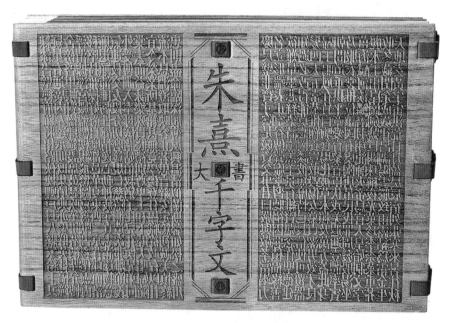

《朱熹大书千字文》书籍整体，吕敬人设计，1998年
传承与创新，夹板形式，造就书籍大器

自测作业：古今中外，你最喜欢谁的插图？请说说其风格和影响力。

第二章

书籍形态设计
从抽象到具象

当接到一项书籍设计任务时，不要急于立即设计，要先了解书籍的大概内容、类别、受众群体以及出版营销的规划，虽然这些是出版人首先要考虑的事情，但作为设计师也要有所了解。这样，有助于对即将成型的书籍有一个形状、厚薄、分量、风格等预期的形态意识。这个形态意识，可能是比较抽象的，但可以用成品书籍作为参照，或以草图的形式勾勒出来，在写写画画中把书籍的大体形状、各环节的设计元素、平面或立体的效果、读者群体的接受情况等重要因素圈点出来，以便在接下来的设计中有一个清晰的轮廓。建议找一些"净书"（没有任何文字或图案的空白书），在书籍设计的整个过程中，通过翻动净书，想象着将设计稿移到净书上，对将来的成品书籍有一个预见，这是一个很实用的方法。对于出版人以及责任编辑来说也是一个审稿与判断的好方法。由于计算机和设计软件的不断升级，在大大提高了设计效率的同时，也会降低动手能力和艺术表现能力，应该引起重视。书籍的形态设计具体到实际应用，主要包括以下几个方面。

本章学习要点导读

第一课 书籍的开本设计与纸张选择

> 　　本课内容主要目的是了解一下书籍开本
> 的常用规格和非常用规格，以及常用纸张和
> 特种纸张的识别。在实际设计中要有一些自
> 己的方法，比如多找一些参照样书，对学习
> 和设计大有帮助。重点学习书籍开本尺寸的
> 计算方法和成本设计。

第二课 现代书籍常用的装订形式

> 　　本课内容对常用装订形式做了比较详细
> 的介绍，要重点学习和掌握最基本的几款装
> 订形式，在有一定的设计能力之后，要对"新
> 概念装"的形式勇于创新实验。

第一课

书籍的开本设计与纸张选择

　　开本设计是书籍整体设计中很重要的环节，开本的设定直接决定了书籍形态的适合度和美观度，也是从平面到立体至关重要的一环。设定开本大小离不开对纸张的认识。纸张是以全开为计算单位的，全开的纸张对裁后称为"对开"、

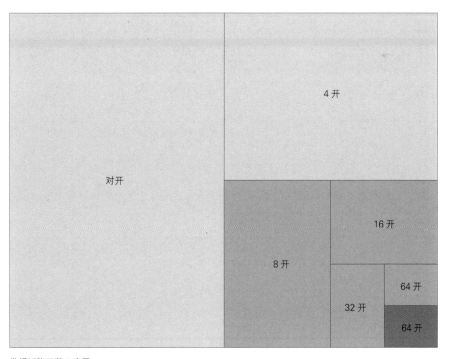

常规纸张开数示意图

☆设计笔记

　　对于开本的计算要尽量遵循节约纸张及合开的原则，如果不合开的话，必然会造成一定的浪费。为了追求更高的书籍品质或个性，确有需要的话，浪费一点纸张也是值得的，同时也要考虑浪费的纸张怎样再利用。在书籍设计中我非常注重成本设计，这是我给自己增加的任务。把最节约成本的纸张选择、印制工艺等考虑进去，再结合好的创意设计，就是合适可行的设计。一些出版人能与我连续合作十几年，我想这也是原因之一吧。

然后依次是 4、8、16、32、64 开等。另外还可以开 20、24、30 开等，我们俗称"偏开"，因此会浪费一些纸边。如果一次性需求的纸张数量比较大，造纸厂也会根据客户的需求生产特种规格的纸张，以避免浪费。另外由于纸张的品种和纸型的不断丰富与变化，一些滚筒纸和特规纸也成了常用纸张，为创造更丰富的书籍形态多了一些选择。如果选择滚筒纸或特规纸，就不能按照常规的方式来计算了，因此就会出现一些异型开本。比如选择的是 720mm×980mm 的纸型，开出来的 16 开是 170mm×230mm（成品尺寸），它要比正常的普通纸开出来的尺寸大许多，称为"异型"16 开。由于选择的纸型不同，即便开出相同数量的开数，其尺寸也是不一样的，会有大、有小、有长、有方等情况，因此设定开本尺寸要考虑纸张的型号。以 32 开为例：有 32 开、大 32 开、小 32 开和异型 32 开之别。很多书籍印刷厂大多采用对开机器印刷，因此，我们直接以对开的尺寸来计算就可以了。使用和计算开本的成品尺寸，要遵循最大利用率和印制可行性的原则，要把印刷机可印刷最大开数、刀口尺寸的预留、裁切出血尺寸

开数	毛尺寸（mm）	成品尺寸（mm）	机器
对开	546×787	540×782	○★
3 开	364×787	360×782	○
4 开	393×546	388×540	○★
6 开	262×546	260×543	○
8 开	273×393	270×390	○★
10 开	218×393	216×390	○
12 开	262×273	260×270	○
16 开	196×273	195×270	○★
18 开	182×262	179×260	○
20 开	196×218	194×216	○
24 开	182×196	179×194	○★
30 开	157×182	154×179	○
32 开	136×196	133×194	○★
64 开	98×136	96×133	○★

常用纸张 787mmx1092mm 的开本尺寸
○代表全开机器印，★代表对开机器印

的预留等因素计算在内。如果设定的是常用开本，可以直接参照已经出版的书籍数据。如果设定的是很特别的异形开本，就需要动手计算了。对于书籍开本尺寸的计算，还要考虑内文印刷纸张的折页问题，常用尺寸基本能符合折页要求。奇数是不能折页的，即便是偶数也不一定都能折页，因为对于书籍而言，既要能折页，也要能符合装订的要求。如果是不常用的特别开本，则需要询问印刷厂技术人员。常用规格的纸型有：635mm×965mm、640mm×960mm、720mm×980mm、787mm×960mm、787mm×1092mm、850mm×1168mm880mm×1230mm、889mm×1194mm等。

设计怎样的书籍开本和形态，会给读者在阅读习惯和心理上有暗示作用。比如普及读物多以常规的32开；较厚的精装书多用16开，以体现权威和价值感；生活类的书籍则多用异型开本，形态可以丰富多样，以显示轻松自由的生活情趣；艺术画册类书籍则多用大16开、8开或4开等，尺寸较大，形态或长或方，能够充分展示作品的整体面貌和细节，以彰显艺术的个性；儿童类的书籍多以图画为主，字体一般比较大，用24开或16开则比较适合，考虑到儿

《毛泽东对联赏析》书籍整体
小马哥＋橙子设计，2004年
修长的书籍形态，彰显秀美之感

《中国民间文化杰出传承人名录》书籍整体，
张亚静设计，2007 年
正方形开本融合传统文化焕发新意

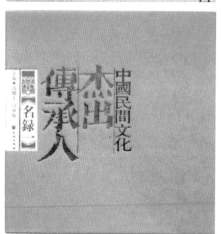

童的好奇心理和阅读习惯，应该在开本和形态设计上尝试奇思妙想的变化。在文化生活的变化和书籍发展的演进中，形成了很多共识的自然规律，可以根据书籍类别加以区分，也可以根据读者群体的文化层次和年龄不同有所区别，这些因素应该在设计中充分考虑。设计最忌讳的就是墨守成规，固守在已有的成绩中走不出来，要擅于潜心研究读者和市场的细微变化，不断改进和创新更独特的的书籍形态。

书籍设计可选择的纸张越来越丰富，选择哪种纸张，会影响最终

☆ **设计笔记**

　　我请印制厂帮助做了一些不同开本的空白样书（如果没有条件，用任何书籍都可以做参照，但空白书更有利于想象），在设计工作中，习惯把样书拿在手中翻来覆去地端详、思索，想象着设计的书出来后的样子，这是一个从抽象到具象的判断过程。另外，我也会注意收集一些各种纸张印刷的效果，包括其他平面设计的样子，这些习惯对书籍设计非常有帮助。

《书与法》书籍整体，任四四设计，2012 年
长方形开本体现传统与现代的统一

　　的印刷效果。设计稿在计算机显示器上时，所呈现的效果是没有质感和立体感的，当印刷在不同纸张上时，所呈现的效果会有所变化。比如选择白色铜版纸或白卡纸印刷，其效果与计算机显示比较接近；如果选择有浅色的特种纸印刷时，就会有明显的差别，最突出的是色彩的变化。油墨印刷在纸张上之后，由于纸张本身的颜色，以及纸面的细腻程度等因素，会影响油墨的色彩饱和度发生变化，颜色比较深或冷色调的纸张，会更明显地影响色彩。因此要仔细判断，除非是特意想要的。一般情况下，光滑的纸张不吸墨，粗糙的纸张会比较吃墨。那么，像烫金色、烫银色以及印制荧光专色，会因为纸张的不同，效果会有所不同。虽然烫印和荧光专色不会直接吸收颜色，但会因为纸张的粗糙程度或纸张色差的深浅程度，

影响视觉效果。比如，同一款金箔分别烫印在白色纸张和黑色纸张上，而烫印在黑色纸张上的亮度，就显得比烫印在白色纸张上的亮度强很多。深色调上烫印金属色或印制荧光色会更加突出工艺效果，以达到醒目和绚丽的效果；而在浅色调上烫印金属色或印制荧光色，就会显得比较含蓄而雅致许多。因此在书籍设计之前，一定要了解常用纸张及特种纸的质地及色泽特点，以便在实际操作中很好地掌控设计方法，对于有画面和色彩的设计稿，要根据纸张的因素调整色相和明度。

选用纸张的不同
印制后的效果有很明显的区别
左：白色铜版纸或白卡纸效果
中：浅色特种纸效果
右：较深颜色的特种纸效果

→
在白、黑、彩底色上烫印金色和银色，烫印的颜色是固定的，但由于底色的不同，会产生亮度和色相的微妙变化，这是视觉反差的作用，如果是油墨印刷在不同底色上，就会产生更大的变化，不仅是视觉变化，主要还有物理变化

《纸》书籍整体，朱锷设计事务所设计，2012 年恰当的特种纸，体现设计师对书籍理解的表达

当然，现在除了纸张可供选择之外，还有很多其他的特殊材料，比如布、木、皮、革、金属等，选用这类材料时，更要熟悉印制后的效果情况，先期的设计判断是特别重要的。

书籍与读者，是一种情感交流的关系，书籍的形态情感和开本情感是其中之一，另外还有纸张情感、价格情感、色彩情感、文字情感、分量情感等，都是设计师需要关注的内容。

世界经典励志馆系列丛书，精装书籍封面，子木设计，2012，封面用布料，烫金工艺，书腰为半透明纸

自测作业：如果一本书的成品尺寸是 170（宽）mm× 220（高）mm，共 128 个页码，请问该书用什么规格的纸最合适？该书是什么开本？该书有多少个印张？

第二课

现代书籍常用的装订形式

书籍的装订形式会直接影响书籍的形象和品质。装订虽是书籍成品的最后一道工序，也应该在整体设计之前，就要预计好采用哪种装订形式，这样才为后面的设计提供准确的方案。比如封面展开的尺寸、书脊的厚度、勒口的大小、版心的大小与位置等。书籍的装订形式主要分两个方面：一是外观形式，主要是由封面的制作形式体现；二是内部形式，主要由内页的订口装订方法体现。现代书籍的装订形式主要有平装、精装、线装、毛装、新概念装等。

平装→又称"简装"，是19世纪末学习西方的做法，也称"洋装"，是铅字印刷技术以后近现代书籍出版的最基本形制。平装书内页纸张双面印，印页折

《妞妞：一个父亲的札记》平装双封面书籍，袁银昌设计

叠后把每个印张于书脊处戳齐，再订口锁线，然后装上封面，除书脊以外的三个边裁齐便可成书。这种装订的方法称为"锁线订"。虽然锁线比较烦琐，成本较高，但它比较牢固，适合较厚重的书籍。相对而言，现在大多采用裁齐书脊后直接上胶，这种方法叫"无线胶订"。它经济快捷，却不很牢固，适合较薄的书籍。在20世纪中前期，很多书籍都是用钢丝双钉装的形式。另外，一些更薄的册子，内页和封面折在一起直接在书脊折口穿铁丝，称为"骑马订"。但是，铁丝容易生锈，故不宜长久保存。平装书大多只有一个封面，但也有再加个封面的，可根据书籍风格而定。如果是双封面的书籍，以内封面的设计为主的，外封面则要设计简约，有的仅模切镂空出一个图形，以露出内封面的主题书名或画面；有的是采用透明或半透明的特种纸。以外封面作为主体设计的，内封面的设计则相对简

约一些，或仅印书名、图案，或者没有任何设计元素，只是选择一种特种纸即可，以增加书籍的层次感和趣味性。有些艺术类的书籍，喜欢在平装书的基础上，于封面及封底上分别粘合又厚又硬的板材，也习惯叫作"精装"书，其实这样说不够准确，因为其装订方法和结构不符合精装书的特征和功能，它充其量是"硬皮平装"书。平装书的制作一般比较简单，成本相对较低，适宜大众读物。

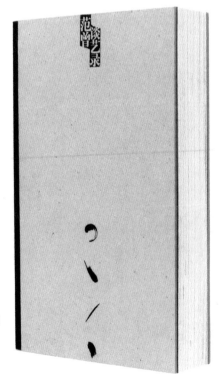

《范曾谈艺录》硬皮平装书籍
吕敬人设计

精装→精装书在清代已经出现，是西方的舶来形制。清光绪二十年（1894）美华书局出版的《新约全书》就是精装书，封面烫金字，非常华丽。精装书最大的优点是封面坚固，起到了保护内页的作用，使书经久耐用。精装书的封面周边要比内页多出一部分来，多出的部分叫作"书檐"，约有3–5mm。书檐的作用主要是保护内页和方便打开书籍，这也是精装书的一个主要特征。封面用纸一般比较厚，常用的有厚纸板装裱纸、布、绢、绒、皮革等，还有木板、塑料板、金属板等特殊材料。内页用纸一般比较细腻，有利于长期翻阅和保存。精装书的内页多为锁线订，书脊处还要粘贴一块儿布条，以便更牢固地连接封面与内页。封面和封底分别与书籍内页的首尾页相粘，书脊与内页订口则不相粘，以便翻阅时不致总是牵动内页，比较灵活。精装书的书脊装订又有"圆脊"和"平脊"两种形式，圆脊多用于较厚的书籍，更有利于

《现代汉语词典》（圆脊）精装书籍，于名川设计

保护书籍；平脊多用于相对较薄的书籍。由于精装书的用料和制作比较特殊和复杂，成本也相对较高，适用于工具书、史书、志书、鉴书、及重要的文集类书籍等。另外还有一种叫作"软精装"的装订形式，封面不需要装裱硬的板材，而是封面纸的四周向内折大约20～50mm的边，然后直接与前后环衬纸黏合在一起，

☆设计笔记

在我还没有从事书籍设计职业之前，曾自己动手制作了很多速写本，有不同开本的、有锁线的、有胶装的，还有精装的。我是分析了书的装订结构后摸索的，装订好封皮后，就拿到印刷厂去，请人帮助裁切一下。如果是做精装的，内页锁线后要先裁切，然后粘合书脊布条，最后再粘合装裱好的封面，这样一本精美的精装速写本就大功告成了。因此，我对书籍的装订形式便有了更深的认知。

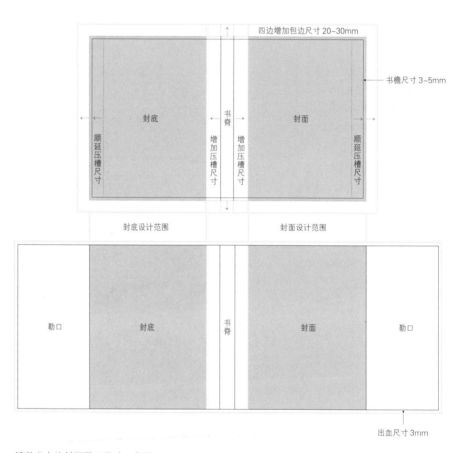

精装书内外封面展开尺寸示意图

内封面的设计尺寸是在书籍成品尺寸的基础上增加书檐、压槽和包边尺寸之后的总合，其中增加部分的尺寸根据具体装订工艺的不同，数据也会不同。非常规时须与印制厂家沟通一致。外封面的设计尺寸是依照内封面的尺寸，增加前后勒口，再加出血尺寸后，为最终尺寸。由于精装书的封面尺寸扩大后，封面和封底位置也有所外移，所以，务必要算准可设计版面的位置

粘合后的封面边檐比内页尺寸大出 20mm 即可，内页和书脊的装订方法与精装书相同。它既有精装书的特征和品质，又使阅读和携带更加方便，适用于生活、励志、工具类等书籍。精装书不易折损，便于长久使用和保存，设计要求独特，材质和工艺技术也较复杂，有许多值得研究的地方。

〈HENRI MATISSE〉软精装书籍，1996 年

〈天边的彩虹〉（乙亥）精装书籍，日耘人·张册设计

　　新线装→传统线装，是中国最优雅的一种书籍装帧形式，之所以现在还仍然采用这种形式，表明它所具备的文雅气质，蕴含着中国独特的历史文化气息与哲思意境，简约与空灵透着一种禅意，为读者所钟爱，这些是要继承的。在继承的同时，又不断进行改良与创新，可称为"新线装"。新线装书籍仍然发挥着传统线装的独特魅力，并且会保持长久的生命力，它保留了传统线装的基本形制，在开本形式、结构、用纸、装订以及包装上有了多种变化，以体现新的时代特征。线装书最特别之处，就在于外露的锁线。在古人锁线方法的基础上，可变化与发挥的空间仍然很大，这需要花巧心思尝试，在实验中探索适合新时代的审美观和实用观。如《意匠文字》的装订形式，就是在古线装的基础上，对锁线手法进行了创新。

《意匠文字》（新线装）书籍整体，全子+王序设计，2003 年
古风今用，个性创新

《象罔衣》（新线装）书籍整体，朱协伟+莲杰设计，2012 年
古今结合，质朴风格

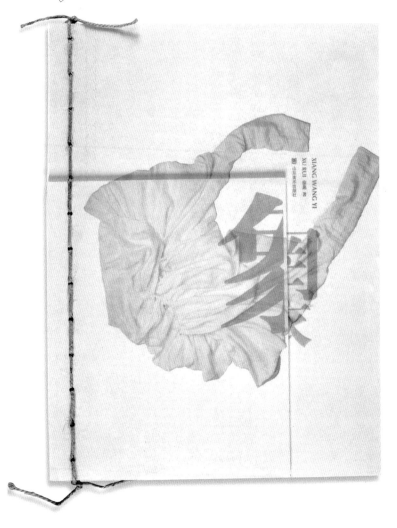

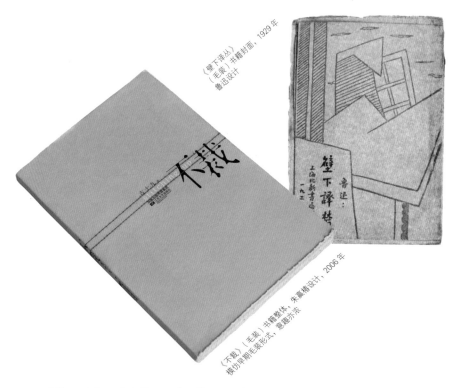

《壁下译丛》书籍封面，1929 年
（毛装）鲁迅设计

《不裁》（毛装）书籍整体、朱赢椿设计，2006 年
模仿早期毛装形式，意趣亦浓

　　毛装→又称"毛边装""毛口装"，毛装书籍主要是表现在外观上，严格意义上讲它只是平装书或精装书的一种变化。书籍装订完成后，不再进行对书口三面的裁切，或某一个书口，保留其原始状态，故称"毛边"。毛装在纸张选择、印刷和折叠书页时有着比较严格的要求，需要设计师事先进行规划计算。20 世纪上半叶，鲁迅非常喜欢毛装书，他的书籍多为毛装，还自称"毛边党"。毛装书是充分利用了纸张的边缘，使版面更加开阔自然，增加了原始自然的意趣和阅读的舒展感受，阅读时边裁边看，颇有一番情趣。这种形式到了 20 世纪后期逐步减少，制作工艺也已基本失传，能做的已经很少了。现在，也有一些作者在裁切前留出几本，以作纪念。毛装书如果在印制环节对书籍纸张的使用计算不准确，书口的纸边就会忽大忽小，实不美观。毛装的传统工艺虽然不流行了，但仍然可以在创新设计上有所变化，以丰富书籍的装订形式。

　　新概念装→平装和精装为现代书籍设计的基本形制，在此基础上通过设计师的创新手段，一些新概念装的形式也丰富多样起来。材质的不断丰富，以及许多新工艺的出现，也为新概念书籍的扩展，提供了发挥的空间，设计师应该在这方面敢于探索，创新更多的书籍装订形式，以引导出版业的多元化发展。一些大学的书籍设计课程中，学生们利用自身活跃的前瞻思维，设计了很多有趣的探索类概念书。如果他们的优秀设计作品能够在出版社得以采用的话，对书籍出版业一定是个很好的探索。新概念装的书籍大致有：立体造型书、布书、单脊双面书、双脊双面书（连体书）、玩具书等。

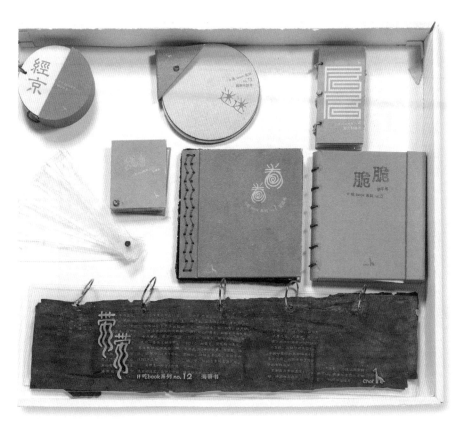

《能吃的书》系列书籍，崔允祯设计，清华大学美术学院学生作品

书籍设计基本信息单

书籍书名：囊括万殊裁成一相：中国汉字"六体书"艺术
作者署名：赵宏＋闫伟红／著
出 版 社：高等教育出版社
书脊内容：设计师自定
封底内容：条形码＋定价
开本尺寸：240mm×240mm ＋ 153mm×240mm
书脊厚度：20mm
装订形式：平装＋函盒
★ 设计项目：书籍整体
设计要求：无
设 计 师：刘晓翔

由包背装变化为新概念装
设计师对装订形式、开本、纸张的研究与应用
达到了熟能生巧的境界

印刷→单色 工艺→压痕 纸张→特种纸＋宣纸 设计软件→ Adobe Illustator + Adobe InDesig

拆开函盒

→

拆开封面

翻阅书籍

→

书口韵味

两书分离

→

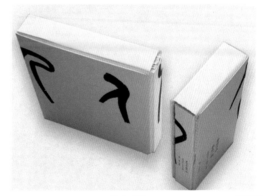

独立成册

《翻开—当代中国书籍设计》书籍整体
敬人书籍设计工作室设计，2004 年，一托二连体书

《中国文化未解之谜 / 世界文化未解之谜》书籍整体
子木设计，2005 年，一本书等于两本

自测作业：除了本课讲到的常用的几种装订形式之外，你还知道哪些装
订形式？请举例一两种，并简单介绍一下装订结构和过程。

设计不是为了超越，
而是为了不同！

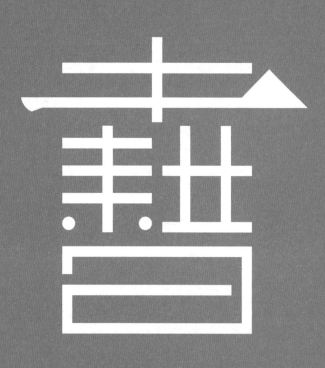

第三章

书籍设计要素
三位一体

书籍有主体设计与辅助设计之别，分清主次，
拉开层次，是设计的重要任务。书籍主要是
以视觉传达与触感形态的形式与读者交流
的，而构成书籍的视觉要素主要由三个方面
组成，分别是文字、图形、色彩。三个要素中，
文字具有理性的直接表达力，图形和色彩则
更具视觉吸引力和感染力。

本章学习要点导读

▽

第一课 字体设计

▽

本课内容主要讲解了字体选择与字体设计的基本规律和一些办法，非常实用。本课要重点掌握和练习字体的创新设计，这是书籍设计的重点环节。

▽

第二课 图形设计

▽

图形是书籍设计的重点环节，本课讲解了几何图形、具象图形和抽象图形等基本知识，课程内容容易掌握而实用，均要重点学习和练习。

▽

第三课 色彩设计

▽

色彩也是书籍设计的重点环节，本课主要讲述色彩的象征性和代表性，或叫色彩性格、色彩文化，需要重点学习，同时对色彩的时代流行趋势也要敏锐地把握。

字体设计

立核心

　　文字是书籍设计中最主要的元素，字体设计则是整个书籍设计的核心。虽然文字只是一种表达可视语言的符号，却具有丰富的表情和风格。表情的变化是由字体和字号的不同所产生的，尤其是汉字，字体非常丰富，每一种字体都有着微妙的表情，就像人的眼睛和嘴一样，微微一动，表达的情绪就有所不同。字体设计是书籍设计中最基础、最重要的环节，它主要包括字体选择与设计和字体组合两个方面。

　　字体选择与设计→在书籍设计中，字体选择是最基本的问题，也是书籍标准化的要求。书籍内文主要是选择标准字体，以及封面中大多数文字都依靠选择来完成，这就是计算机时代方便快捷的优势。选择字体看似是非常简单的事情，所选字体是否适合？是否使阅读舒适？是否与书籍风格协调？是否符合文化属性？等，这需要审美眼光的积累和设计素质来完成的。标准字体常用的有宋体、黑体及书法体三大体系。从字体演变的角度讲，如仿宋、楷体、雅宋、长宋体等是从宋体的基本结构演化而来；如综艺体、水柱体、圆头体、艺黑体等则是根据黑体的基本特征变化而来；如隶书、行书、篆书、舒同体、启功体等属于书法体。宋体字，端庄秀美，具有文化性和艺术美的特点；黑体字稳重健硕，具有很强的视觉冲击力和心里暗示。其他字体是根据形象、情感的需要变化的，每种字体都具有各自的性格和感情特征，或明显，或细微。了解和熟悉各种字体不同的特征，就可以在书籍设计中运用自如。中文字体是丰富多样的，现在，仍在不断地创造

☆**设计笔记**

　　汉字是世界上最有情趣的抽象艺术符号，在传递信息的同时，还具有很丰富的可发挥性和创造性。作为书籍设计师，要对汉字有浓厚的兴趣，很多优秀的设计师仅用汉字作为设计元素，就能创意出很优秀的书籍设计作品，比如日本和中国台湾地区的设计师就擅于此道。

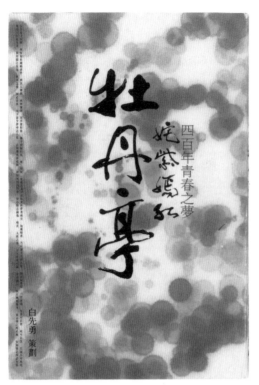

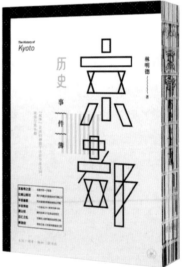

《姹紫嫣红〈牡丹亭〉：四百年青春之梦》书籍封面
曹琦 设计，2005 年
书法字体呈现艺术感染力

《京都历史事件簿》书籍整体，马仕睿设计，2014 年
游戏般的汉字全新设计，让人容易记忆

出新的字体。字体的多样化不等于设计的多样化，不能见到什么就用什么，毕竟书籍有它的严谨性和文化性。汉字很多是通过象形文字逐步演化过来的，最具表情达意的情感色彩，这一点在书籍封面设计上尤为突出。如封面的书名字体的选择，是至关书籍风格和情感的重要环节，这也是中国书籍设计的一大优势。还有扉页、篇章页标题等重点环节，选择字体要特别加以斟酌，既要考虑出版行业的

《意匠文字》书籍整体，全子＋王序设计，2003 年
或许受到民间俗称的"鸟书"技艺的灵感，大宋字体与民俗图案融合设计，独具匠心

普遍认可度，也要考虑读者的习惯接受度。字体要表现变化，同时还要选择字号的大小，字体的不同和字号大小的不同都具有从明显到微妙的效果变化，反差越大，效果越明显，反差越小，效果也就越不明显，这些都是要重点考虑的问题。书籍设计虽有许多标准化的要求，又不可同工业商品相提并论，它需要艺术创作的情感在里面，在传递知识信息的同时，也把情感传递给读者，这样的书籍才会有吸引力。因此，仅选择字体是不能达到书籍的整体品质效果的，除了擅用标准字体外，还要在艺术设计上有所创新。因为标准字体缺少浪漫的个性和艺术性，有时依然需要手写或设计字体。

字体组合→在一本书中往往是多种字体搭配组合使用，这样会使书籍的信息传达更赋有变化和节奏感。一般情况下，书名和标题等重点部分，主要使用标准的大宋、粗宋、中黑、大黑、综艺以及书写的创意字体等；主体文字使用通用的标准字体，如书宋一简、楷体、细黑等；一些辅助性的文字，比如图注，可以使用中等线、仿宋、细圆等字体。字体的组合还要根据书籍类别的不同风格来搭配，如生活、艺术、少儿类的书籍，可以追求一种特别的风格而搭配一些非常用的字体。

《文一诗选》书籍整体，子木设计，2005 年
书名由书法字和宋体字组合

《关系——与十二位艺术家的书信集》设计整体
林瑞＋曾焰设计，2011年
书名文字稍作变化与组合，透着哲理性
营造简约又轻松的效果，透着哲理性

从书籍的整体结构看，要有几种不同的字体相互搭配使用，从局部看，比如封面上的字体，更需要一些特殊组合。对于设计而言，如果仅是选择几种字体或大或小、或多或少的简单组合，则是比较难处理的事情。简单了则显得太随意，复杂了则显得凌乱，因此还需要一些变化的手法，比如对字体笔画的借用，虽然仅是稍做一点点手脚，却即显趣味横生。例如《关系》一书，"系"字上面的横撇借用了"关"字的撇画，减少了两字重复的东西，则拉近了两者的关系，只是动了一点小小的心思，不但使书名有了容易记忆的趣味，更增加了符号的哲理味道。此书到了读者那里，或许会被解读出更多有意思的东西，这一点恐怕连设计师本人当初也没想那么多，这就是优秀设计作品的意外魅力。巧妙的字体组合，能达到一种艺术化的视觉效果，组合后的文字不再是单纯的一组文字，还具有图形化的情趣。看上去不再是枯燥的文字，而是富有感情色彩的图形，这样的字体组合更具有视觉吸引力。字体组合的形式很多，比如不同字体的组合、字号大小的组合、汉字与外文的组合、汉字与拼音的组合、标准字与创意字的组合、字多与字少的组合等。

《守望三峡》书籍整体
小马哥＋橙子设计，2004 年
以具有时代特色的书法字作为书名，如江河激流，突出艺术效果
又以很小的宋体字再作书名，起标示作用

《儒的100个哲理故事》书籍整体，子木设计，2004年
提出书名中的关键字，用书法字撑满封面，
亦书亦画夸张化、有故事

《人间词话》精装书籍封面
子木设计，2014年
两种字体组合，具有个性符号的特征

书籍设计基本信息单

书籍书名：财富总动员
作者署名：邹建平 / 著
出 版 社：红旗出版社（标准字体）
封面广告：设计师自定
书脊内容：书名 + 作者署名 + 出版社标准字体
封底内容：作者语句（另附）+ 条形码 + 定价
前 勒 口：作者简介（另附）
后 勒 口：内容简介 + 责任编辑 + 书籍设计单位
开本尺寸：170mmx240mm
书脊厚度：16mm
装订形式：平装
★ 设计项目：书籍封面 + 扉页
设计要求：无
设 计 师：子木

采用方案

内容提要

本书讲述了古今中外历史上及现实社会中几个富有远见卓识的改革人物、如何革故鼎新、强国富民的故事。主要讲述了英国女王如何缔造强大的日不落帝国；亚当·斯密《国富论》中"看不见的手"，如何推动了英国产业革命的进程；林肯颁布《解放黑奴宣言》，取得了南北战争的胜利。也讲述了中国历史上商鞅变法的战场出奇秘，奠定了秦始皇一统天下。同时，还着重讲述了当今中国在习近平总书记领导下，突破重重困难，反腐倡廉，深化改革，引领全民致富……

感谢上海泾亚及长胜先生的长期信任与支持！

选题策划 张佳彬
出版统筹 张景涛
责任编辑 张佳彬
投稿信箱 jiabinzhang859@sina.com

革故
富国
市场
财富

否用方案

原因：方案从设计的角度是比较不错的，但从市场的角度有雷同的可能，风格不够突出

印刷→四色胶印 工艺→UV 纸张→白卡 设计软件→Adobe Photoshop + Adobe InDesign

时尚中黑简体 → 改造字体组合 → 最终定型

字体设计过程 → 时尚中黑简体 → 改造字体组合 → 最终定型

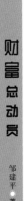

财富总动员

邹建平 ● 著

财经读物

ISBN 978-7-5051-3707-3

定价：42.00 元

财富总动员

作者简介

邹建平，管理学博士（辽宁大学 1996 年），经济学博士后（中国人民大学 2000 年），CICPA 中国注册会计师，现被聘任为北京大学教授、博士后导师，获国务院"特殊贡献专家"并享受"政府特殊津贴"（1996 年）长期从事银行及证券监管工作并致力于信用研究，曾出版《中国金融问题报告》《诚信论》《中国上市公司诚信评价系统》《信用评价学》《证券评级概论》《资信评估实务》《中外信用评级比较》《国外证券评级》等十几部专著

邹建平 ● 著

——英国女王的皇家特许状，缔造了强大的日不落帝国
——《国富论》中"看不见的手"，推动了英国产业革命的进程
——林肯颁布《解放黑奴宣言》，取得了南北战争的胜利
——商鞅变法的战场出霸机，奠定了秦始皇一统天下
——当今中国，全民致富集结号

红旗出版社

该书设计方案，以书名的字体设计为重点，直接点题，突出个性

书籍封面出片文件（出血 3mm）

☆设计笔记

红旗出版社的责任编辑张老师邀我设计这本书的封面时，没有提任何设计要求和建议。我对经济类的书籍设计经验很少，又不太喜欢参考市场上已有的设计风格，于是我就按自己的想法设计。我先是分析书名"财富总动员"五个字的意思，抓住第一感觉，把书名作为主要设计对象，五个字整合设计成一个独特的视觉形象。从内文中抽取几条要点，作为封面的辅助设计。大面积的留白是为了烘托书名的突出效果，以彰显其个性。我又另外设计了一款认为出版社可能会接受的方案。出版社开始选择的是第二方案，后来出片文件都做完了，最后还是采用了第一方案。很多时候一定要对自己的设计保持自信。

《政协风格》书籍整体，速泰熙设计，2012 年
改造字体，即得风格

《留园印记》书籍整体，周晨设计，2012 年
书名用印章形式，直接切入题意

自测作业：以"中华汉字"四字为书名，设计四款不同风格的字体组合。

图形设计
讲故事

　　图形，对于一本书来说，如同娓娓道来的故事，是最生动的情节符号。简单地说，图形就是图画的形式，其包含的形式丰富多变。从时空的角度说，可以从远古的原始图画符号，到后来的各流派的绘画、图案等同属图形的范畴。从空间的角度说，图形可以是平面的，也可以是立体的。图形可以是最简单的一个点或一条线，也可以是非常复杂的图案组合。图形的发源虽然是古老原始的，但它仍以独特的艺术魅力一直伴随着社会的发展，在社会的各个领域发挥着广泛的作用。历史上图文并茂的书籍形式形成以后，图形的视觉传达能力大大超越了文字的抽象功能，对知识的广泛传播起到了巨大的推动作用。中国的书籍在唐代就有了插图形式，到了宋代以后更是被普遍应用，形成了图文对应的独特风格。在书籍封面上应用图形，相比内页要晚

《心的探险》（毛装）书籍封面，鲁迅设计，1926 年
封面图案源自六朝人墓门画像图案

很多，到了19世纪中晚期，随着书籍装订形式的革新和学习西方文化的展开，在书籍封面上才逐步出现图形图案，多是作为装饰。鲁迅则是"书籍要以图案装饰"的倡导者，并为中国的现代书籍设计发展做出了重要贡献。

形象而生动的图形具有先声夺人的视觉吸引力，它与文字相符相融，共同完成了传达信息的任务。图形的表现手法可以分为几何图形、具象图形和抽象图形三大类型。

几何图形→是由简单基本的点、线、面组合而成，在封面设计中常用。它往往不是为了表达具体的意思，主要是为丰富版面、增强风格，或者诠释抽象事物，这也是一种自觉的设计文化。几何图形也具有注入封面的表情色彩，从而达到视觉吸引的效果。几何图形有很强的象征性，比如方形可以象征规矩、成熟；圆形

《微观经济学》书籍封面，吕敬人设计，1998年，几何图形的设计需要很强的逻辑能力

可以象征运动、聚焦与扩展；三角形可以象征稳定和坚强；箭头图形具有方向感，有引导的暗示作用；细线代表精致；粗线则代表浑厚和力量等。几何图形看似简单，实际上要设计的到位并不是容易的事情，应该多学习一些逻辑学、美学、心理学及美术构成等。巧妙利用几何图形的象征性，可以把握好版面设计的风格、暗示和引导读者。几何图形要符合视觉习惯和美学逻辑，清晰明了，整体协调。图形不要太小太碎、含糊不清，图形变化不要过于复杂，同时要处理好文字与图形的主次关系。

《儿童血液与肿瘤疾病》书籍封面，高银燕＋张伟设计，2005 年
几何图形诠释抽象课题

《假如给我三天光明》书籍整体，子木设计，2006 年
几何图形暗示主题故事

《张深之先生正北西厢秘本》书籍插图，（明）陈洪绶画

《临床骨科学》书籍封面，白姑设计
具象图形，抽象表达，点破题意

具象图形→ 是指针对具体的事物所反映的图画，能够直接表达主题意思。最大的优点是具有真实性，传递信息也最直接了当。其表现手法主要有绘图和摄影图像。古代书籍的图形采用绘画的形式，其图形描绘精美、刻画细腻，在发展中逐步融入美学的理念，最终成为一门系统的艺术门类——插图艺术。明代画家陈洪绶的《西厢记》插画，已经成为传世经典之作，对后来的插图艺术发展影响很大。19世纪末英国著名的插画大师比亚兹莱的作品，对现代的插图艺术起到了导师的作用。从新文化运动到20世纪80年代，中国的插图艺术从发展到辉煌经历了大半个世纪。而在21世纪的今天，由于飞速发展的计算机科技普遍应用于设计领域，导致原创设计越来越少，插图艺术的发展受到了不利的影响，许多设计师已经不具备手绘能力。曾风靡几十年，影响几代人的连环画书，也不无惋惜地退出了辉煌的历史舞台。那么，是不是插图艺术已经不适应

现代人的欣赏需求了呢？当然不是，人们仍然需要插图艺术，过于传统和老套的不行了，是由于没有很好的传承和创新，才致使这门独特的艺术没有得到很好的延续和发展。书籍设计不能只为迎合市场，还要以新的艺术感染力来引导市场和读者，这样才能使书籍设计艺术得到良好地发展。具象图形的表现手法有很多种，例如油画、水粉、水彩、素描速写、国画、线描、版画等。其中线描和版画，因其丰富的文化底蕴和艺术感染力，深受读者的喜爱。具象图形的描绘内容也是非常广泛的，如花卉、树木、人物、动物、山川河流，甚至微观物体等。具象图形的创作与绘制，提倡尽可能地多进行手绘创作。现在很多书籍设计师是用绘图软件来绘制插图，这样修改起来比较方便，也适应流行与快节奏，

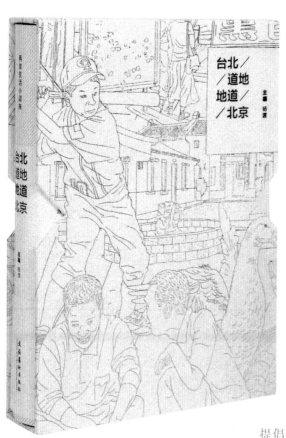

《台北道地地道北京》书籍整体
non-design 设计，2012 年
单色线描图形，故事性，文艺范儿

但是用电脑软件绘制出来的图画，总是缺少自然流畅的艺术韵味。当然两种方法都各有所长，可以根据书籍类型和读者群体来做选择。具象图形应用于书籍设计，在保证其艺术美感的同时，更要注意它的准确表达功能，就是要使读者在看到图形时，能够很轻松地理解要表达的意思，从而辅助读者对书籍进一步理解和记忆。

《古徽州 新黄山》书籍封面
窦胜龙设计，2008年，具象图片，直接明了

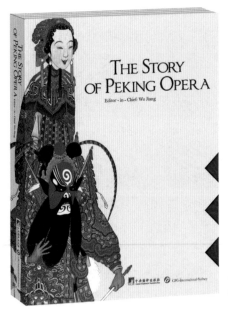

《京剧的故事》英文版书籍整体，子木设计，2010年
具象图形，切入主题，双封面模切工艺

《海道卷壹·人》书籍整体、页版咕设计，后现代主义风格

1826 年，法国人尼尔普斯发明了摄影术，并拍下了世界上第一幅照片，从此，这一伟大的发明很快引起了世人的注意。它以真实记录的技术手段再现了事物的状态，创造了一种对事物描述的全新方式，摄影术发明后的人类历史便成了可视的历史。照片因其真实可靠性已经成为信息传播的最佳途径之一，因此，照片被广泛地应用到书籍中，也就成为一种必然。中国在 19 世纪中后期，开始效仿西方的先进技术，也将照片应用到出版物中。后来摄影技术发展迅速，彩色照片又走进了人们的生活中，随着艺术手段和美学理念的融入，照片在具有真实再现的功能上又赋予了很强的艺术魅力。准确选择或拍摄照片并应用到书籍设计中，能够起到事半功倍的效果。在很多时候，照片的视觉感染力是其他形式所无法替代的。黑白照片和彩色照片又有着不同的视觉效果和感染力。黑白照片在设计应用中可以有很多变化，一是原始的黑白效果，它具有一种浓厚的历史氛围，一种怀旧感和独特的艺术魅力；二是还可以根据效果的需要，将黑白照片调成其他色调，

以增加色调情感。彩色照片更贴近真实，为书籍设计所普遍采用，也正是因为它的普遍性，也就容易降低书籍的视觉价值感，因此应该进行反向思维，要进行照片的再创作。另外，对照片要提出严格的要求：技术上要真实可靠；艺术上要具有极强的独特感染力；质量上要达到印刷的清晰度。如果不具备这些要求，最好不要随便使用照片，否则会大大降低书籍的品质和可信度。由于网络时代的到来，对于书籍设计来说，图片的获取显得比较方便了，但其实这无形中也产生了一些问题和隐患。现在有些书籍中，用了大量的网络图片，且不加甄别和修整，就直接拿来用。像素低的网络图片带有"皮肤病"，很是难看，使用这类照片是一种极不负责任的出版行为，对于设计师而言，遇到这样的问题，一定要提出质疑，提醒出版人进行纠正，这是我们的良知。书籍所用照片，是否还需要修整或艺术处理，可根据设计需要而定，同时也要注意版权问题，这也是美术编辑及责任编辑的基本工作。

　　具象图形在书籍设计中，有时还可以根据书籍风格，将多幅照片组合起来用，以丰富版面信息。如果出版人或编著者要求版面必须使用照片来表达题意，而又没有很理想的照片时，设计师可以进行照片再创作。比如淡化照片，从而突出书名和其他信息；或者采用"破坏"照片的办法，将照片夸张变形、撕裂、拼贴、剪影、主体勾勒等。这样即保留了照片的真实性，又处理掉了照片的不足，变化成新的视觉活力，这一优势也成为"后现代主义"的艺术特征，我们可以把这种照片再创造的做法称之为"图形游戏"。一些表现近现代发展史、文明探索、考古、旅游、青少年读物等题材的书籍，采用这种方法能够表现其独特的视觉魅力。

　　抽象图形→在这里我们也可以把图形理解为图案。抽象图形的表现形式也是多样的，根据艺术提炼的程度，可以分为意象和抽象，但是它们之间并没有明显的界限。抽象图形也可以理解为是界于几何图形和具象图形之间的一种形式，它比几何图形更富有变化，意思表达更明朗；比具象图形又更简练概括、更有秩序化的美感，更具有艺术创作性，意思表达也更有内涵，能够引起读者的遐想。抽象图形的构成一般有"单独图形"和"连续图形"两种，单独图形是指单个图形元素或多个图形元素组合，成为一个相对完整的画面，独立审美、能够表达完整的寓意；连续图形是指图形元素可以按照一定的规律或方向无限复制、延续的画面，表达的意思不会因为延续而改变，主要起装饰作用。连续图形又可以分为"二方连续"和"四方连续"两种，二方连续是指由一个基本图形为中心点向左右或上下两个方向有序地延伸；四方连续是指向对应的四个方向延续。抽象图形的设计对所要描绘的事物，需要进行高度提炼和概括，充分表现出事物的神态、用艺术语言来概括的话可称为"神似"。它所表现的对象可以是大自然和生活中现实的事物，如人物、动物、植物、用品、建筑等；也可以是想象中的事物，如龙凤、

《苦闷的象征》（毛装）书籍封面，陶元庆设计，1925年
扭曲变形的人物形象，抽象图形预示着苦闷、纠结的情绪

象徵的悶苦

譯迅魯　著村白川廚

《中国观赏鸟》书籍封面，靳埭强设计
抽象与具象组合，形象而有情趣

《艺由别山》书籍整体，子木设计，2016 年
抽象水墨画呼应书名

鬼怪、外星人、未来等。对事物的表现没有具象图形那样反映的具体真实，抓住特征，进行艺术化的发挥。有的图形能看出是什么事物，如花卉图案，但又不是真实的表现，这就是意象；有的图形看不出表现的是什么事物，如符号化的图形，但又可以感受到表达意思的范围。甚至有的图形根本不理解是什么意思，但有一种美感，这就是抽象图形的魅力所在。中国的书法就是一种抽象艺术，在书籍设计中常有应用。抽象图形显著的优点就是具有象征性、运用夸张、变形、扭曲等

☆设计笔记

　　我在设计《艺由别山》书籍的时候，发生了许多难忘了事情。中央文献出版社吕奇伟老师是我多年的朋友，他说此书很重要，非要我来设计才放心，当时我还在山西写生。在设计之前，我拜读了这部书稿，我被书中描写的主人公——慈善家周森感动了，于是我带着这种感动，投入了无限的热情来设计这部书。先是对内文版式做了精心的设计，一股朴实而美雅的风格展示了书稿的朴实与真切。封面的设计是我和吕老师经过沟通后，否定了原设计方案，改由我来重新设计，这符合一贯的整体性要求。因为我阅读了书稿，所以对内容和书名有着深刻的了解和感悟，所以我决

艺术手法，象征内在的寓意，从而触动读者的心境，产生共鸣。抽象图形设计是设计师必修的科目，是书籍设计表现创作力的主要形式之一。封面设计中的抽象图形可以提升书籍的艺术感染力，更容易引起阅读兴趣，拉近书籍与读者的情感距离。

《听弘一大师讲佛》《听南怀瑾讲禅》书籍整体，子木设计，2009 年
抽象水墨更具文化韵味

定为这部书画一幅大写意水墨山水画，取其主体作为书籍封面用图，其他信息仅作最朴素化的设计。水墨画准确而巧妙地阐释了书籍主题，并且拓展了艺术意境。设计方案完成后，作者张涓涓便提出要支付设计费，我对从事慈善事业的人尤为敬佩，为表此意，仅以半价收取，做公司经营之用。周森见到设计样书，甚喜，特以书法作品相赠。在书籍后期的印制过程中，我和吕老师一同精心选择纸张和跟进印制环节，直至最终书籍出版后，才算完美收工。

《美国学生历史》上下册，书籍整体
子木设计，2014 年，代表性的抽象符号

"影响人一生的文章"系列丛书八册，书籍整体
子木设计，2005 年，美的图形设计，
映衬美文风采

《强悍的心理生存能力你也能拥有》，书籍封面
子木设计，2014 年
手绘美图，寓意生命的风采

《英国学生科学读本》上下册，书籍封面
子木设计，2013 年
国旗图案的巧妙运用

书籍设计基本信息单

书籍书名：你是人间的四月天：林徽因作品集
作者署名：林徽因／著
出 版 社：天津人民出版社（标准字体）
封面广告：你是人间的四月天
书脊内容：书名＋卷名＋作者署名＋出版社标准字体
封底内容：文字（另附）＋条形码＋定价
前 勒 口：文字（另附）
后 勒 口：文字（另附）＋责任编辑＋书籍设计单位
开本尺寸：140mmx200mm
书脊厚度：待定
装订形式：平装＋函盒
★ 设计项目：书籍整体
设计要求：无
设 计 师：（中国台湾）王志弘

Star 星   Rain 雨   Cloud 云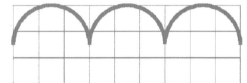

You Are the April of This World

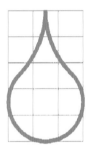   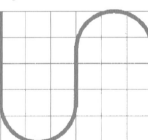   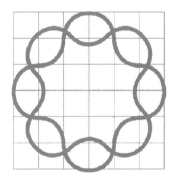

Water 水   Snow 雪   Flower 花

创意设计灵感

将抽象图形设计符号化，是该书的显著特征和独特风格
这些图形形象皆由林徽因名作《你是人间的四月天》中截取出来
你是四月早天里的「云烟」
「星子」在无意中闪

「细雨」点洒在花前
「鲜妍百花的冠冕」你戴着
「雪化」后那片鹅黄
「水光」浮动着你梦中期待白莲

印刷→双色　工艺→烫印　纸张→特种纸　设计软件→Adobe Illustator

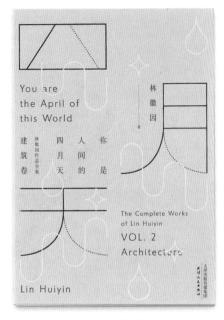

VOL.1 文学卷   +   VOL.2 建筑卷

函盒

强调年轻、现代、设计感，同时保有女性的优雅与灵性

《关注当下——韩石书画理论文集》书籍整体，符号化设计
以书法韵味为抽象图形，彰显个性之美，寓意深远

《THE BEATLES THE TRUE BEGINNINGS》书籍封面
［英］Rose Design Associates 设计，2002 年
图形的艺术魅力

☆设计笔记

　　我有一个习惯，在闲暇的时候，特别是在旅行的路上，或蹲厕所的时候，时常在速写本子上画一些抽象的图案，或是有目的的，或是无目的的，画着画着就能发现有规律的图形，久而久之就想把这些无意识的涂画改造成完整的画面。我也不知道这些东西什么时候能用到设计上，但总会有用到的时候，或许直接用上，或许改造后再用上。总之，经常练习，对设计是绝对有帮助的。如果做书籍设计，连图画都是自己创作的，这才算得上是真正自己的设计作品。

单独图形（案）

上：二方连续图形（案），下：四方连续图形（案）

自测作业：1. 以《汉唐遗风》书籍为题，设计一组具象的图片组合，以
　　　　　　体现书籍内涵，要求有人物、器物、古画三种题材同时出现。
　　　　　2. 以《城市》书籍为题，设计一个抽象图案，要充分感受到
　　　　　　城市的特征。

色彩设计

看气色

色彩是生活不可或缺的元素，它广泛应用于社会的方方面面，是一门综合的文化艺术学科。作为色彩设计，是非常复杂且又是非常有趣的事情。书籍设计离不开色彩的应用，尤其是在近现代，已经是一个全新的色彩时代。色彩设计有两个大的问题：一是认识色彩，熟悉色彩的文化属性及象征性；二是使用色彩，掌握色彩可丰富变化的特性，运用设计手段创造需要的色彩。认识色彩要从色彩的构成和性质开始，人们看到的色彩，是通过光线的折射产生的，因此光线是媒介，眼睛是接收体，说明色彩具有可变的移动性。色彩在实际应用中有光源色和印刷色两种，光源色没有真实的物质色存在，如影视的图像色和天空色等，属光学原理的范畴。光源色有三个基本色，即我们常说的三原色——红、绿、蓝，其字母代码是 RGB。三原色中每两种色彩叠加时会产生另一种色彩，依次类推可以变化成更多色彩。RGB 在书籍设计中的应用不是很多，它只能是大概化地选用，很难有一个准确的数值。如果在印刷色中设定的是百分百的黑色，转换成 RGB 模式时就变成了混合色，再转回印刷色时，却又恢复不了原来的百分百的黑色，仍是混合色，可见其色值的不确定性，不适合精细印刷。三色的特点是色彩艳丽，透明度高，视觉冲击力强，但缺乏丰富的层次和厚重感。如果是用 RGB 模式做设计，在屏幕显示时非常艳丽明快，印刷时需要转换成四色，颜色会重新进行分解和组合，色彩会变得浑浊，设计效果与印刷效果有着明显的色差，故此光源色和印刷色有很大的区别。印刷色是物质色彩的真实存在，如颜料、油墨等，通过涂抹或印刷附着在物体上，然后通过光线传达给人的眼睛，就感受到了色彩。印刷色有一个通用的国际规范，每一种颜色都按照统一的色值标准，这样更有利于印刷流程的稳定。印刷色用CMYK四个字母作为代码，即青、洋红、黄、黑四色。印刷色中的黑色有着非常微妙的作用，色值K100是纯黑色，C100、M100、Y100三色一起叠加时也是黑色，也叫作"混合黑"或"叠加黑"，单色黑和混合黑印刷出来的两种黑色有完全不同的深浅质感（见028页，底色为K100单黑色，更深的黑色汉字为C50、M50、Y50、K100四色黑叠加后的效果）。单黑纯正，覆盖效果浅，但便于印刷；混合黑厚重，覆盖效果深，有光泽，但套印时会增加难度。书籍的内文一般用单黑印刷，封面可以用混合黑印刷，以达到厚重亮泽的效果，但容易套印不准。可以采用单黑多印一遍的办法来解决套印不准的问题。色彩除了常用的印刷色以外，还有多种特殊色可供选择，如金色、银色、荧光色等，称为"专色印刷"。金色和银色有金属的质感；荧光色的特点是光亮夺目，视觉冲击力极强，具有时尚的特性。金色和银色可以单独印刷，也可以融合在普通颜色中印刷，也会产生很特别的视觉效果。

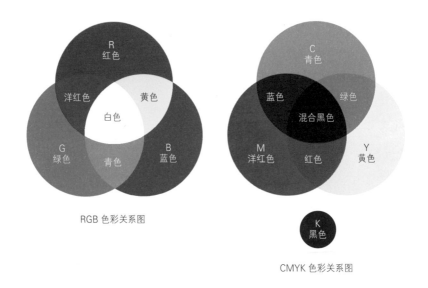

RGB 色彩关系图

CMYK 色彩关系图

关于四色黑的效果：见第108页，页面底色为单色黑（色值为K100%），左边图案则是四色叠印后的四色黑（色值为C100% M100% Y100% K100%）。

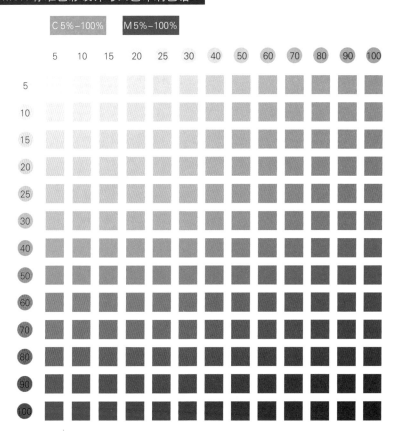

CMYK 标准色彩设计与四色印刷色谱

C 5%–100%   M 5%–100%

怎样使用标准四色印刷色谱

　　设计和印刷所使用的标准色谱，是非常实用的工具书，尤其是对初学书籍设计的朋友。色谱采用高质量的白色铜版纸、油墨印制，色值准确率可靠。色谱以一种、两种、三种、四种不同原色的搭配，展现从浅到深的色值效果。有的色谱还会附加金属色或荧光色的搭配效果。设计师想要的色彩效果基本都能够在色谱中查找到，一目了然，是判断印刷效果的得力助手。因色谱是印在白色铜版纸上，并且各种色彩排列在一起，多少会影响我们的视觉偏差判断，这一点要考虑进去。色谱不是万能的，不能太过依赖它。经过一段时间的设计，对印刷色彩能够灵活运用之后，要逐步脱离它。对于设计师来讲，最有效的方法就是要有对色彩效果的判断力，实践经验才是设计师的不二法宝。

色彩的象征性古来有之，而且也会随着历史的变迁而有所改变，那些被社会和人们所认可并接受的色彩象征，便形成了一种色彩文化。因历史时期、地域、民族、风俗习惯等诸多因素的不同，色彩的象征性也不相同。色彩的象征性从品质和情感上讲，可以分为美好、排斥和中性三个范畴。设计时要根据书籍的类别和内容，来考虑色彩象征性的范围。如有关社会发展、教育、生活等题材的书籍，可以考虑在美好的色彩范围内设计色彩。具体到细节表达，要根据色彩的象征性与某种事物相联系。如表达爱情，可以选择红色和粉红色；表达森林或田野，可以选择绿色；表达安静，可以选择蓝色；表达暴力，可以选择黑色和红色的组合等。色彩的象征性所针对的事物非常广泛，不管是物质的，还是意识形态的，都可以

《生与死》书籍封面，日敬人设计，运用了色彩的象征性

用色彩来表达。如心理学、文学、哲学、生物学、美学等，所有的学科都可以在色彩中找到象征的对应。它所对应的可能是清晰的，也可能是模糊的，可能是公认的，也可能是有争议的，有时还需要色彩与图形、背景、大小、形状等结合，才会表达得更明确。色彩文化中有对某种色彩忌讳的说

《格林童话全集》书籍封面，吴颖辉设计
多种色彩与图形的组合，似童话世界里的梦想

《色彩的性格》精装，书籍封面，子木设计，2008年封面没有过多色彩设计，通过油画图片的色彩内涵，体现书籍的内容方向

☆ 设计笔记

我在设计《色彩的性格》这本书时，先阅读了该书的稿子。该书主要从艺术的角度广泛分析了色彩的种类与性格，对于提高艺术欣赏能力、提升生活品味及书籍设计水平等都有很大的帮助，建议大家阅读。不一定要全面研究，但一些基本的东西还是值得一读的。

法，设计师应加以了解。色彩是变化的，不可生搬硬套所谓的规律，否则就千篇一律了，也就谈不上创新了。书籍设计师比较排斥千篇一律的大众思维，总希望在反常规的心态下进行创意设计，这是无可厚非的。书籍设计师可以不从科学的角度过多地研究色彩，但必须尽可能地多了解和掌握社会公认的色彩象征性和色彩忌讳等在现实生活中的规律，还要敏锐地把握色彩的时代流行趋势。脸色能够代表一个人的心情，书籍的色彩形象也能代表其内在的风格。

色彩对于书籍设计而言，是一个非常重要的环节，然而它所涉猎的知识又是非常丰富的，是在任何时候都需要训练的课题。

《这季节》书籍整体，潘焰荣设计，2011 年
封面图片的四种色彩变化，或许能够表达作者及诗文的各种含蓄的心境

"中国女性文学文化学科建设丛书" 书籍整体，张明＋刘凛设计，2008 年

做丛书设计，利用不同色彩来区分个册风格，又要考虑丛书的统一性，是常见的设计方法

本丛书色彩设计柔和淡雅，充分体现了文化风格

二十首情诗
和一首绝望的歌

巴勃罗·聂鲁达 著 陈黎 张芬龄 译

《二十首情诗和一首绝望的歌》书籍整体
韩笑设计，2014年
复杂与反差的色彩设计，表达诗歌的纠结

《中国传统元素图典》书籍整体
袁银昌设计，2009年
色彩隐喻和色彩作区别

《如何改變世界》书籍整体
（台湾）王志弘 设计
色彩分阶，抽象表达

《剪出来的大师——剪纸大师刘静兰口述史》书籍整体
子木 设计，2009 年
明度和纯度比较高的色彩搭配
暗示民间艺术的代表性

色彩与色调的象征与寓意

　　色彩的象征性不是自身所具有的，而是人们通过其他色彩的对比所产生的感知与判断，所以，理解色彩的象征性不能独立看待问题。掌握色彩与色调的象征意义与规律，是书籍设计师必备的知识与经验，设计师经过长期实践，就会对色彩设计有准确的判断。

蓝色（青）→标准印刷色中的蓝色（色值C100）／深蓝→（色值C100+M50）
蓝色属于冷色调，代表纯净、安静、寂寞、理性、空旷、远方、梦幻、理想、稳重、成熟、客观、真诚、忠诚、信任、渴望、好感、友谊、遥远、天空、海洋、科技、工业、巨大、冷静、孤独、拒绝等。积极的一面大于消极的一面，男性对蓝色的喜爱大于女性。

洋红色→标准印刷色中的洋红色（色值M100）／红色→（色值M100+Y100）
红色属于暖色调，代表爱情、激情、积极、能量、希望、诱惑、燃烧、胜利、进攻、热烈、温暖、欲望、力量、吸引、兴奋、红火、血液、创造、革命、改革、正义、成就、愤怒、性爱、警示等。积极的一面大于消极的一面，男性对红色的喜爱同女性基本相同。

黄色→标准印刷色中的黄色（色值Y100）／中黄色→（色值Y100+M50）
黄色属于中色调，代表乐观、阳光、欢乐、清新、活力、成熟、感性、高贵、创造、警示、矛盾、冷酷、失望、嫉妒、猜忌、虚伪、吝啬、自私、酸味、酸涩、苦味、有毒、排斥等。积极的一面小于消极的一面，男性对黄色的喜爱同女性基本相同。

黑色→标准印刷色中的黑色（色值K100）／灰色→（色值K50）
黑色属于冷色调，代表成熟、稳重、优雅、坚硬、神秘、个性、权力、沉重、保守、危险、禁止、残忍、邪恶、腐烂、非法、消失、卑鄙、肮脏、仇恨、哀悼、结束、死亡等；灰色相对黑色程度降弱。积极的一面小于消极的一面，男性对黑色的喜爱大于女性。

白色→（色值C0+M0+Y0+K0）
白色属于中色调，在印刷中与其他颜色配成专色使用。代表冰冷、完美、纯洁、清洁、崭新、理想、初始、真理、中性、北方、诚实、无辜、医疗、幽灵、轻巧、现代、空洞、精细等。积极的一面等于消极的一面，男性对白色的喜爱略微小于女性。

绿色→（色值C100+Y100）／浅绿→（色值C50+Y100）
绿色属于冷色调，代表自然、天然、植物、生命、生机、环保、新鲜、希望、活泼、健康、不成熟、青春、春天、圣灵、镇静、酸涩、毒药等；浅绿色相对绿色程度降弱。积极的一面大于消极的一面，男性对绿色的喜爱略微小于女性。

填色测试（请在书名后面的框中填入适合书籍风格的色彩名称）

《唐宋诗词鉴赏》（社科）

《傲慢与偏见》（文学）

《中国民间美术探究》（艺术）

《家庭大众菜谱》（生活）

粉红色 → (色值 M50)

粉红色属于暖色调，代表甜蜜、温柔、温和、柔弱、柔软、女性、娇嫩、天真、纯真、妩媚、和谐、浪漫、美感、多愁、友好、可爱、舒适、虚荣、肤浅等。积极的一面大于消极的一面，男性对粉红色的喜爱小于女性。

紫色 → (色值 C50+M100)

紫色属于中色调，代表权力、高贵、强权、神秘、奇特、时尚、特别、魔力、人造、虚荣、颓废、暧昧、腐败、性、欲望等。积极的一面略微大于消极的一面，男性对紫色的喜爱小于女性。

褐色 → (色值 C50+M100+Y100)

褐色属于暖色调，代表懒惰、陈旧、中和、历史、过时、腐朽、愚蠢、贪食、舒适、芳香、平庸、庸俗、隐秘、锈迹等。积极的一面小于消极的一面，不太受人喜欢的颜色，男性对褐色的喜爱大于女性。

橙色 (桔色) → (色值 M70+Y100)

橙色属于暖色调，代表外向、醒目、能量、活力、积极、收获、愉快、有趣、合群、温暖、佛教、安全、食欲、食品、廉价等。积极的一面大于消极的一面，男性对橙色的喜爱大于女性。

金色 (专色)

金色属于暖色调，代表昂贵、幸福、财富、金融、傲慢、奢侈、享受、华丽、蒙蔽、神秘、光彩、幸运、持久、理想、欢庆、吉祥、吹牛、荣誉、政治、装饰、浮华等。积极的一面大于消极的一面，男性对金色的喜爱大于女性。

银色 (专色)

银色属于冷色调，代表永恒、金属、合金、老二、可怜、钱财、伪造、月亮、克制、迅速、动力、奇特、个性、距离、明亮、清澈、运动、现代、优雅、轻巧、聪明等。积极的一面大于消极的一面，男性对银色的喜爱大于女性。

《投资与理财》（金融）

《西方文明史》（历史）

《大学生户外生活集锦》（教育）

《中国二十四节气》（社科）

书籍书名：美国经典语文课本（1—6 册）
作者署名：〔美〕威廉·H．麦加菲（William H. McGuffey）／著
出 版 社：天津人民出版社（标准字体）
封面广告：美国教育史上影响深远的英语读本
书脊内容：书名＋卷名＋作者署名＋出版社标准字体
封底内容：文字（另附）＋条形码＋定价
前 勒 口：文字（另附）
后 勒 口：文字（另附）＋责任编辑＋书籍设计单位
开本尺寸：185mmx260mm
书脊厚度：各册不同
装订形式：简装
★ 设计项目：书籍封面＋扉页
设计要求：无
设 计 师：子木

123456

印刷→四色胶印　工艺→无　纸张→白卡纸　设计软件→Adobe Photoshop + Adobe InDesign

六册书为一套
设计六种清雅色彩与花鸟绘图协调搭配
色彩雅致是这套书的整体风格

书籍封面出片文件（出血3mm）

《BASIC READERS 美国学校现代英语阅读教材》
书籍封面，子木设计，2015 年。
七册书选定同一副手绘彩画，在设计元素一致的情况下
一要解决每一种颜色与图画的协调搭配
二要解决色彩的协调关系
最终达到区别与统一的和谐
适合青年读者群体的视觉喜欢度

自测作业：1. 暖色调包括哪些色彩？最少列举 10 种。
　　　　　2. 冷色调包括哪些色彩？最少列举 10 种。

第四章

书籍版面设计

寻规律

书籍是平面的，也是立体的，它由众多的版面组成。把封面和内文的每一个页面，可以看作是各自独立的版面，同时也要把所有的版面作为可连续的整体来设计。版面设计就是版面构成，把文字、图形和色彩等元素在版面中合理布局和搭配。版面的设计元素或多或少，每一个元素按照主次、大小的层次分门别类。比如封面的版面，其书名、图形、辅助文字等一次排序；书籍内文的版面除了主体文字和图片以外，还有边饰、页眉、页码等诸多元素，都要有相互关联的层次，根据它们的主次关系进行结构编排。版面构成是美学与科学的结合，包含着艺术技巧和逻辑思维，也是书籍设计的基本科目。

本章内容主要讲解了版面设计中的几种布局方式，在学习和掌握了这些基本方式之后，要善于实践新的布局形式。版面是书籍设计中非常重要的环节，是学习和练习的重点，作为书籍设计师这是最基本的东西。版面布局方式是根据版面美观与阅读方便的需要决定的，要灵活运用和创造。

书籍设计中的版面构成主要有对称、呼应、平均、分隔、孤立、水平、偏离、对角、整合等多种形式和方法。

对称↓是指相对应的设计元素必须在位置、分量和内容上达到尽可能地完全一致。对称是版面设计中常用的方式方法之一，分为左右对称、上下对称和四面对称三种形式。在书籍版面中，文字与文字、图形与图形、色彩与色彩，它们之间的对应就是对称。对称具有浓厚的文化和美学观，如中国的建筑、园林、摆设，以及民俗礼仪等，讲究平衡对称的哲学思想。

从科学和逻辑的角度看，对称又具有近乎完美的合理性，比如天平与等价的原理，都可以在书籍设计中得以体现。书籍的封面设计运用对称的形式，可以表现书籍的文化性、经典性、稳定性，能够给读者一种完美的心理暗示。内文版面可以对称的地方主要有边饰、页眉和页码等。对称，除了以上的一些优点外，也有缺点。对称，容易使人感觉呆板、传统、平淡、无趣等。对称的优点与缺点，完全取决于书籍类型和设计效果的需要，运用得当即是好的设计。

《中国文化通史·隋唐五代卷》书籍封面
吕敬人设计，1999 年
左右对称的图片设计，体现稳重之感

呼应↓是版面设计中常用的方式方法，分为上下呼应、左右呼应、斜角呼应和对角呼应等多种形式。呼应，不仅体现在同一个版面中，在整个书籍的前后与内外，都应该注意呼应的关系，这是把握书籍设计风格统一的主要手法之一。呼应是指各元素之间在不同方位的关系，其有一定的规律性，有文字对文字、文字对图形、图形对色彩等。就像中国画中的人物与景物的呼应，园林中的人物与景物的呼应，园林中

《十二美人》书籍整体
陆智昌设计，2012年
封面中的所有元素都被调动起来
形成恰到妙处的呼应关系
版式设计也同样贯穿了各图文信息之间的呼应

房子与池塘的呼应等。在书籍设计中，如书名与图形的呼应，文章标题与图片的呼应，边饰与内文的呼应等。呼应也可以是多种元素交织在一起，形成相互呼应。呼应与对称相比，更赋有变化和灵动性，强调的是变化中的艺术美感，使版面的视觉感受更丰富，也更能满足阅读情调。呼应有相互解答题意和平衡视觉美感的作用，在书籍设计中多有其妙处。

除了对称与呼应的设计方法以外，还有多种形式和方法，它们对于前两者而言没有明显的区别与界限，针对具体设计需求，也可能是一种细节效果的演化。

平均 →是指文字、图形或色彩的视觉分量，按照相对平均布局的形式摆放。平均的设计方法可以营造一种平稳的视觉氛围，表现稳重坦然的风格。这种设计布局看似简单、单调，但如果设计巧妙，把设计隐藏起来，其设计效果也会很突出。

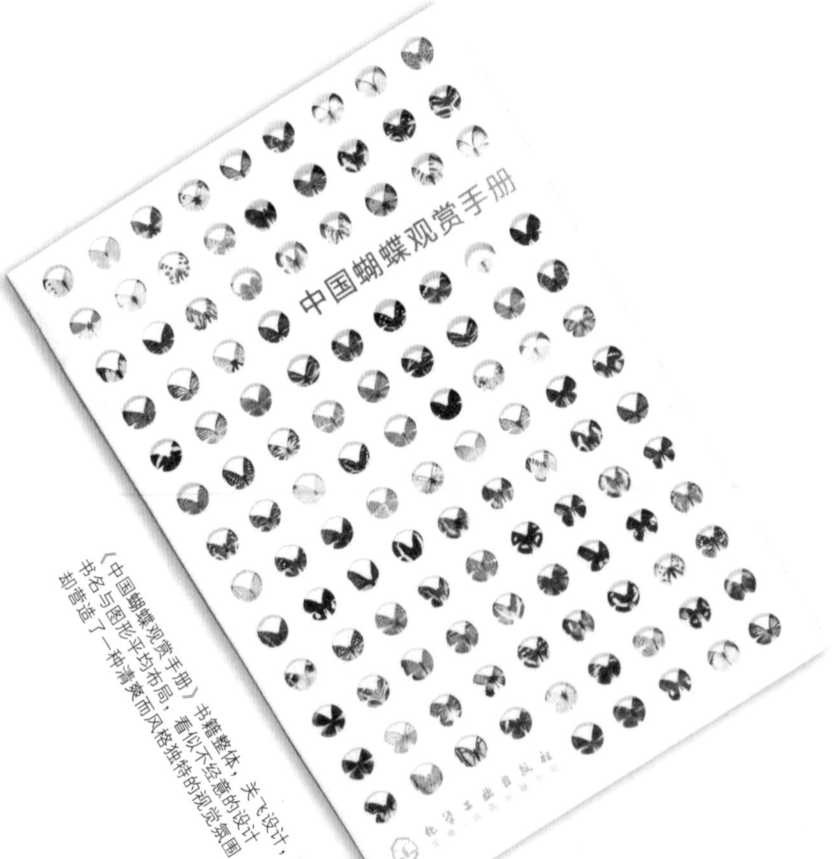

《中国蝴蝶观赏手册》书籍整体、天飞设计，2008年
书名与图形平均布局，看似不经意的设计
却营造了一种清雅而风格独特的视觉氛围

分隔→是将一个完整的版面划分成几块，再于每一块的位置安排内容。比如『黄金分割』理论在美学中的运用。『黄金分割』理论已经成为一种衡量视觉美的标准，它在版面设计中也成为一种非常有效的设计方法，但不能用刻板的思维去做，还要靠视觉感官来灵活运用。分隔的设计目的是为要素安排一个合适的位置，使主题更突出，使版面更完美。版面分隔要解决重心的问题，重心往往是一个版面中最重要的信息表达点，是点睛之处。分隔手法要满足整体美感的需求。

"基督教经典译丛"书籍整体，罗洪设计，2009年
书籍封面中的设计元素均遵循视觉美的分隔，使整个版面文雅而美观

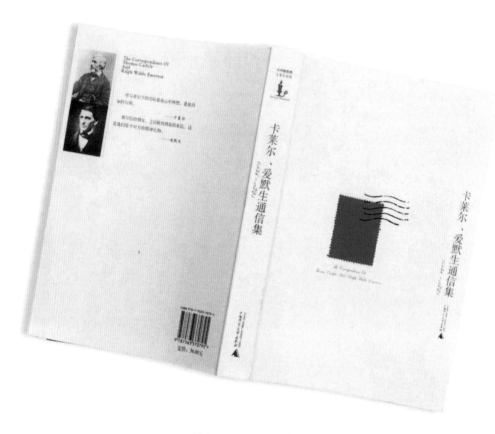

《卡莱尔、爱默生通信集》书籍封面，刘凛设计，2008 年
版面中的设计元素看似各自孤立，视觉效果有些分散
但其中一 个元素具有强力的孤立感，恰恰因此而引起读者的联想

孤立→在一个版面
中设计元素相对较少，或
一段文字、或一个图形、
或一种颜色，其视觉效
果显得特别孤单。在不
同版面的风格不连贯，
主要起到调节节奏或引
起关注的效果。对于一
本书来讲，每一个信息，
不论是多是少，不论是
主角或是配角，都一定
是有用的设计元素。因
此，所谓孤立，绝对不
是没有用的孤立，只是
相对而言，它的作用和
效果一定是有讲究的，
或者是隐藏着一种设计
规律。

《鱼从头臭起》书籍封面，野草设计，2003 年
书籍封面所有设计元素都遵循水平线的规律

水平→主要指设计元素在版面中的位置，集中在一条水平线上，这样的视觉效果具有很突出的规律性，给人以稳定、安静、朴素的感觉。其设计可用于同一个版面，也可以连续用于多个版面中。

偏离→ 在版面中，是指设计元素偏离视觉中心，营造一种特别的不稳定的视觉效果，以引起视觉注意力，或营造一种心理暗示，这是现在书籍设计中常用的一种手法，以体现时代的个性化。

对角→ 是指在一个版面中的对角设计相同或相似的图文信息，也是一种呼应，但相对更明确一些。对角有平行对角和交叉对角两种形式。

《7+2登山日记》书籍整体、张志伟设计，2011 年
书名和图形两个主体元素偏离视觉中心
营造一种距离和空间感，拓宽了欣赏和阅读视野

《皇城根儿，胡同从这里出发——游走北京的 111 个古老地标》书籍整体，奇文云海设计，2005 年
内文两个页码作为一个版面设计，运用了呼应、对角、孤立等构成方法

《我们就这样听歌长大》书籍整体
刘运来设计，2011年
把版面中所有视觉原色整合在一起
包括文字、图形和色彩
形成同一种视觉风格

整合→是指把版面中所有的设计元素，包括文字与图形，甚至色彩，都整合设计在一起。当然这不是绝对的，一些视觉和信息作用不是很强的元素，可以不包括在内、主要看主体的东西。

这样，版面的效果会非常的完整，视觉凝聚在一个大的组合形式内，以增强信息传达的分量和独特的艺术风格。

整合，是设计师必备的基本能力。对于一部书籍而言，往往元素众多，怎样将丰富的信息进行合理整合，使读者在阅读中不会有凌乱感，享受具有节奏感的阅读体会，必须进行必要的整合设计。

《平山作品选·书法卷》书籍整体
怀君设计制作工作室设计，2011年
个性而又平稳的版面设计
运用了呼应、整合等构成手法

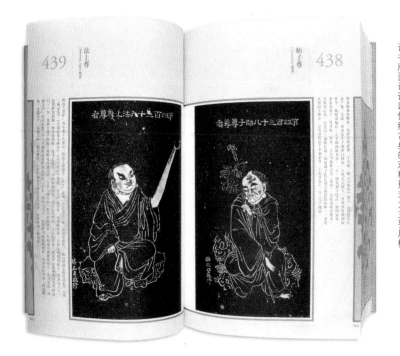

《宝相庄严——五百罗汉集释》书籍整体，袁银昌设计，2011年
在书籍内页的版面设计中，构成形式更为丰富
该书版面设计以传统古典的对称形式为主要风格

☆**设计笔记**

通过以上四个课程的学习，对于初学者来说或许还是一头雾水，不过没关系，这些理论上的东西，是需要通过实践来加深理解，并在实践中变成自己的设计技能。

在书籍设计中，单一的版面设计手法往往不能设计出很好的作品，因此，有时需要多种手法的结合运用。版面设计运用怎样的构成形式和方法，便会产生怎样的书籍风格。对于一部书籍来讲，风格应该是稳定的，独特的，而书籍内页的版面风格则可以有所变化，但务必掌控在一个大的整体风格内。从封面到封底，再到内文，每一个版面都应该以恰当的设计来要求，注意版面与版面之间的关联。版面设计是书籍排版工作的基本任务，尤其是图文并茂的书籍，对于版面设计的各种构成形式要灵活运用，并要擅于变化和组合。

自测作业：以180mm×180mm的版面大小，将两张风景照片、一张人物照片、两百字图片说明，以呼应的构成形式设计一个版面，可以手绘草稿或计算机制作。

第五章

书籍整体设计

做个全能手

本章学习要点导读

▽

第一课 封面设计

▽

　　在书籍出版和设计中，封面设计是最最
重要的环节，因为这是一个拼颜值的时代，
本课中详细讲解了平装书籍的封面设计的各
个环节，以及精装书的封面设计等。对于初
学者，本课是需要投入更大精力学习的，有
了一定的实践经验之后要注重创新设计。

▽

第二课 版式设计

▽

　　本课主要讲述书籍的版面设计部分，这
是非常重要的环节，是书籍整体艺术风格的
内在体现部分。初学者要逐一学习和训练，
可以按照自己喜欢的方式穿插学习，最终成
为一个具有整体设计能力的设计师。

▽

第三课 设计之道

▽

　　书籍设计是一个系统工程，在学习和掌
握了各个设计环节之后，就要回归书籍整体
风格的把控问题上来，整体意识是体现设计
水准的衡量标准，更是衡量书籍设计师名副
其实的标准。

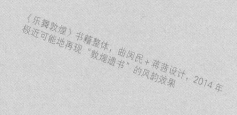

从"书籍装帧"到"书籍设计"，标志着书籍整体设计观念的改变。书籍强调整体设计，已得到了广泛共识。整体设计可以分两个方面，一是对书籍本身的系统设计；二是对营销及受众的预测。书籍的品质取决于设计的每一个环节，又必须是各个环节的整体统一。因此，书籍设计需要一个完备的系统工程，从策划到封面、到内页，以及与书籍有关的辅助设计，乃至到后期印制与工艺，形成了系统完整的理念。国际性的书籍展览及各种书籍设计艺术评选活动，也为推动书籍设计行业的发展提供了舞台。1929年德国莱比锡评选"最美的书"活动，开创了书籍设计交流与比赛的先河。开始仅为德国的出版物参选，后来延展为世界各国参加，随后就以"世界最美的书"命名。"世界最美的书"评选强调书籍设计的整体艺术氛围，要求书籍的各个部分包括封面、护封、环衬、扉页、目录、版面、插图、字体、印制工艺等美学上一致。"世界最美的书"提出了四项标准：一是形式与内容

的统一，文字与图像之间的和谐；二是书籍的物化之美，对质感与印制水平的高标准；三是原创性，鼓励想象力与个性；四是注重历史的积累，体现文化传承。可见，不论是外在还是内在，都重在一个"美"上。"中国最美的书"书籍装帧年度评选活动开始于2003年，

☆设计笔记

我终于可以做自己喜欢做的书籍设计工作了，为了这个工作，我等待和准备了13年。1991年我毕业于美术专科学校，从没学过设计的我自愿分配到一家印刷厂设计室，开始我只知道工作范围就是包装设计和写文件头。文件头就是政府机关单位用的文件纸，那时所有的文件纸都是固定格式的，A4白纸的上方是红色的大字，我就是在老同事的指导下写这样的文件头大字，开始了自己的设计之路。那时没有电脑，不论是字体设计还是上色，都是手工的，包括制作包装盒样都是要靠双手进行。那时如果在设计稿中需要过渡色时，就用毛刷蘸调好的颜色由浅到深来回刷。

由上海市新闻出版局主办。"中国最美的书"评审标准包括：书籍装帧的整体性，书籍内容与形式的完美结合，书籍设计对于书籍本身功能的提升，设计风格与适宜手感的和谐统一，以及作为设计重要元素的技术手段的运用等。1959 年由中国文化部和中国美术家协会联合举办了全国第一届书籍装帧艺术展览会，到 2013 年已经举办了八届，举办成果一届比一届都有明显的进步和发展。从两个"最美的书"的评选活动的要求来看，其最注重的就是书籍设计的整体性和完美性，为现代书籍设计的发展指引了方向，它不仅对书籍设计师有指导意义，更对书籍出版人和责任编辑也起到了引导作用。除了对以上几个章节的宏观认识，接下来是对书籍整体设计的具体环节进行概要分述。

《京剧百丑脸谱集萃》书籍整体，子木设计，2012 年，简约与厚重的碰撞与融合

再后来我们远去上海购买了当时最先进的喷笔，用它喷出来的过渡色就自然多了。那时虽然没有电脑，全靠手工绘画与设计，但现在想起来确实特别的有趣，有些效果和感觉是现在先进的电脑技术所无法比拟的。后来我在不经意间发现，一位快要退休的老同事，竟然偷偷地设计图书封面。后来我才明白，这是论资排辈的产物，人家有资格做图书封面设计，我们新来的年轻人根本没有机会接到这样的文雅的设计任务。后来我自己也偷偷地尝试着设计图书封面，并且把设计好的封面包裹在一本书上，再用密封塑料纸包上，很是自恋的幸福感。那年，那位老同事退休了，在他离开单位的那一天，我终于鼓起勇气把我偷偷画的图书封面拿给他看，他就说了"还行"俩字就

封面设计
拼的是颜值

市场经济的快速发展和阅读方式的变化，以文化属性占主导地位的书籍出版也逐步朝着商品化、生活化、娱乐化的方向发展，因此市场竞争成为一种必然。为了提高书籍的市场竞争力，尽可能地展示书籍的视觉优势，封面设计得到极大地重视，成为出版业的共识。封面是指包裹在书籍外面的书皮，又称"书衣""封皮""护封"等，需要设计的地方包括封面、封底、书脊、勒口及内封五个部分。

第 1 节 平装书的封面设计 要的是个面儿

封面设计的效果直接影响书籍形象和品质。封面好比人的脸面，有着丰富的面部表情，怎样的表情就会传递怎样的内容，通过封面能够感觉到书的大致内容。封面设计的内容主要包括文字、图形、色彩、辅助信息等几个方面。如果说封面是书籍的脸面，书名则是书籍的眼睛，而且是会说话的眼睛。

走了。在后来的几年里，虽然我没少在下面偷偷练习设计图书封面，但我仍然没有机会拿到设计任务，因为我前面还有两位老同事呢。尽管如此，我依然热衷于包装设计，以及其他各种平面设计，并且还获得了不少设计奖项。对于图书设计的欲望，我一直没有停止过，几年后我毅然辞去了国家分配的工作。2002 年我到了北京，依然从事平面设计工作。2004 年，我终于等到了机会，一家知名的出版公司聘请我做书籍艺术设计总监。在此之前，我没有一件真正意义的书籍设计作品，他们只看到的是我对图书的那份热情。

文字→书名，是书籍内容高度概括、高度提炼的精髓，是以文字形式展示给读者的信息符号，它以一种无声的语言向读者发出有声的呼唤。人们认为书籍是静态的，其实不然，好的设计应该是"此处无声胜有声"。实际上书籍设计就是众多视觉元素组织起来的动态系统，书名就是整个动态系统的中心，书籍的一切设计都是围绕着书名开展的，读者关注的首先也是书名，因此要把书名设计作为第一要素。书名设计要充分表现时代气息，要具有足够的视觉冲击力和美感。比如字体的粗细、字体结构和字体形状等，是表示浑厚还是轻巧，收缩还是扩张，紧凑还是疏松，都有各自的体现。书名设计要具备多种手法的能力，是夸张还是中规中矩，是象形还是比喻，都会带有视觉情感在里面，都会给读者以微妙的象征提示和心里暗示。

《牛头图腾》书籍封面，陈序、高伟设计，2005 年
形象的书名设计，印象深刻

根据书名字数的多少和意思的层次，可以多种字体组合设计，以丰富书名的情感。从书名的字体设计、字体组合到辅助文字内容的布局安排，都要充分考虑到封面的整体美观，不能忽视文字信息的功能性，注意主次分明，形神俱佳。有的书籍书名比较抽象，或朦胧，或

《创刊号·剪影》书籍封面，奇文云海设计，2004年
书名位于版面的中心位置，以示突出

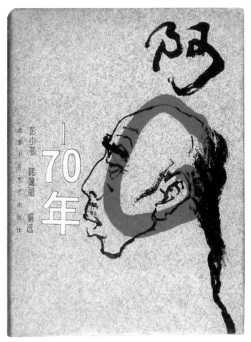

《阿 Q - 70 年》书籍封面，汪二可设计，1993年
极具个性的书名设计，犹如画龙点睛之笔

《小学生考场作文超级范本》书籍封面，子木设计
2012年，书名作为重点设计，风格特别、有趣

含蓄，或怪异，有时读者仅看书名并一定知道是什么内容或是哪类书。通过字体创意和组合，使书名增加表达题意和解释疑惑的功能。书名设计不能忽视对书籍开本的考虑，书籍的开本大小和形状会直接影响到书名的布局效果。书名的位置、形状和大小都与开本有着密切的关系，利用版面构成的方法，

处理它们之间的协调与呼
应。书名在书籍设计中，实
用性、功能性、视觉性，永
远是首要的，艺术性应该是
从属的，只有功能性与艺术
性达到协调的统一，才是成
功的设计。

图形→图形在封面中
主要是起到解答题意、渲染
气氛、丰富版面、调节情趣、
创造艺术美感等作用。封面
仅以文字出现的书籍，好似
一张没有表情的脸，往往会
与读者产生距离感，人们开
始注意封面的文字与图形的
结合设计。文字设计使书籍
封面增添了表情，那么图形
的设计则更进一步丰富了它
的情感。有些书籍需要体现
经典性或严肃性，则可不必
设计图形。有些书籍需要体

《文才画风》书籍封面，吕敬人设计，2004 年
寓意图形，简约而深刻

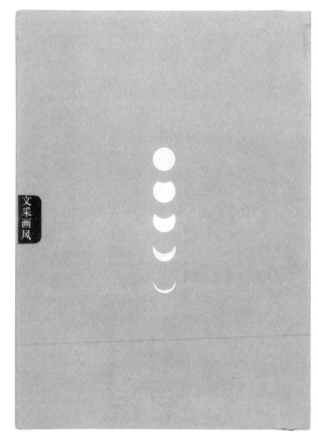

《小格言大道理》书籍整体，子木设计，2005 年
秩序化的图形，寓意其中，记忆深刻

《北极乌鸦的故事》书籍整体，门乃婷设计，2008 年
有趣味的图形

现丰富的内容和时代的气息，就可以设计美观的图形。图形在书籍封面中有着非常丰富多变的设计手法，需要哪种表现手法，可以根据设计意图来定。

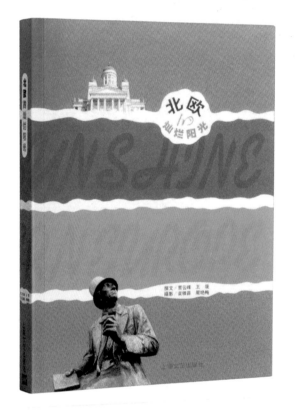

色彩→封面的色彩设计应该在了解书籍内容的时候，就要定一个基本色调，准备用什么色系？是冷色系，暖色系，还是中性色系？以及用几种色彩等都要有一个先期预测。封面的色调与书籍内容和品质有着直接的关联，利用色彩文化和色彩具有象征性的特性，设计适合的色彩。读者在选购书籍的时候，大多是被书籍封面的色彩所吸引，然后才有可能进一步看清楚书名等信息。如在一堆书籍中，第一种书籍的封面只有文字，没有图形和色彩；第二种有文字和图形，没有色彩；第三种三者都有，在三米外的同一个距离看，首先引起注意的就是第三种书籍。如果封面都有色彩，还要看色彩的类别、明度、面积、形状等因素，看哪个能引起关注。封面色彩设计主要解决两个问题：一是对读者的吸引力，这也是很关键的一步，在浩如烟海的书籍中，吸引力是第一关；二是对书籍内容的诠释力，这是影响读者是否接

《北欧的灿烂阳光》书籍封面，袁银昌设计，2007 年
运用了色彩的地域象征性。封面 UV

受的重要一环。人们对色彩都有某种偏好的特点，一但有色不达意或忌讳的色彩，就会引起视觉或心理上的排斥，对书籍失去兴趣。色彩在封面中的设计手法主要有平铺与结合两种形式。平铺是指封面整体为一种颜色或渐变色，以表现稳重、浑厚、直接、坦诚的效果与寓意。结合是指两种颜色以上，或色彩与其他元素的搭配与组合，很多时候色彩需要与文字、图形等元素的结合，才能充分发挥它的寓意和感染力。如一张色纸，它所代表的寓意不明确，只有融入文字或图形时，它才能准确地表达意思。色彩设计尽量避免孤立应用，要与其他元素结合起来，尤其是与图形的结合，有色彩的图形会更生动真实，有图形的色

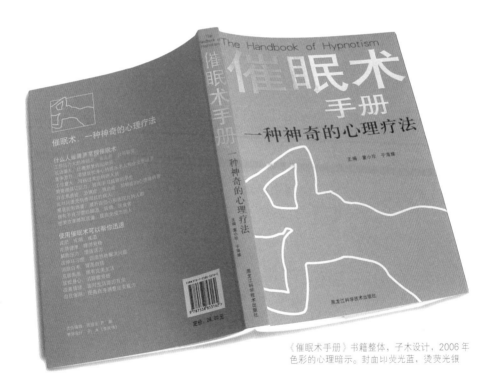

《催眠术手册》书籍整体，子木设计，2006年
色彩的心理暗示。封面印荧光蓝，烫荧光银

《话说民国》书籍整体，姜蒿、王俊设计，2008年
浑浊的深蓝色，可以理解为那个时期的象征色

彩会更有内涵。如封面上的书名，相同的文字、字体和大小，分别用不同的色彩，然后再感觉它们，虽然文字的基本意思没有改变，但改变了视觉感受和题意的偏向，有时是微妙的，有时是非常明显的。

辅助信息→封面设计中除了以上三大要素之外，其他元素均为辅助信息。对于书籍传递信息的功能来说，封面上任何元素都是有价值的，辅助信息也需细心设计。封面的书名副题、编著者、出版社名、丛书名、广告语等，是丰富、完善书籍封面的重要组成部分，也是书籍标准化的要求。因为它们是围绕书名而展开的，所以要与书名和图形形成呼应，视觉冲击力和色彩运用不能掩盖了书名的表达力，字体不能过于复杂。如果需要安排英文或拼音时，字体的选择或设计要与书名中文字协调起来，不能孤立。要避免英文字体的设计会影响到中文书名的效果，关键是从字形、色彩、虚实上，英文字体与中文书名要保证层次分明。现在的封面设计已经与以往有了很大变化，设计注重追求一种时尚和时代感，多了一些灵动与韵味，少了一些古板与俗套。有些出版社把封面的文字安排的位置规定得很刻板，不利于设计师的发挥。中国的书画作品，讲究章法的运用，类似于版面设计中的布局。对封面文字设计的要求，如主次、层次、节奏、穿插、呼应等。如同书法作品中的疏密、大小、长短、粗细、连绵、远近、虚实、错落、首尾、起伏等。在书法中还讲究"气运"法，封面设计中值得借鉴。封面中的文字不管有多少，都要具有一气贯通的感觉，有了这个"气"也就为该书增加了精气神。对于封面设计，很多出版人、设计师为了强调重点，最简单的办法就是把书名设计得粗粗大大，几乎撑到了版面的边缘还觉得不够醒目。这种做法看似很实用，但如果不考虑书籍的风格，一概而论的话，将会适得其反，降低书籍的品位。如果进行反向思维，通过赏心悦目的辅助信息，加重笔墨，来烘托主题，以吸引读者，从而起到反衬的效果与目的，好的设计是要做到喧宾不夺主。

《现代思想中的建筑》书籍整体，李士桥设计，2009 年
各种设计元素灵活布局，使封面变的轻松有趣味

现代思想中的建筑

《绝版的周庄》书籍整体，周晨设计，2008 年
以邮票与邮戳的形式聚焦书名，将读者的阅读兴趣激发起来

《穿墙术》书籍整体，江渊设计，2012 年
书名字体与绘画协调一致，设计风格统一

《沉思录》书籍整体，子木设计，2010 年
运用了虚实、对比等设计手法，使书籍清新典雅

书籍设计基本信息单

书籍书名：人间词话手稿全本
作者署名：王国维／著
出 版 社：中国言实出版社
封面广告：文字（另附）
书脊内容：书名＋作者署名＋出版社名
封底内容：文字（另附）＋二维码＋条形码＋定价
前 勒 口：作者简介（另附）
后 勒 口：责任编辑＋书籍设计单位
开本尺寸：145mm×210mm
书脊厚度：20mm
装订形式：平装（双封面）
★ 设计项目：书籍封面＋书腰＋扉页
设计要求：无
设 计 师：子木

月　　→　　日　　　　＋　　方正清刻本悦宋简体　　→　　稍作处理成木刻效果

印刷→四色　工艺→模切　纸张→特种纸＋白卡纸　设计软件→Adobe Photoshop＋Adobe InD

书籍封面出片文件（出血3mm）

创意设计思路

为了使书籍的风格简洁清新
特意设计成双封面，将辅助信息搬到内封面
外封面的设计点主要集中于图形和书名字体
"月"与"日"图形寓意时光
"日"模切后即露出内封面的信息
这样既蕴含深意，又增加了层次感
双封面从设计元素的多与少
到色彩的深与浅，形成明显对比
但设计风格又协调一致

书籍内封面出片文件（出血3mm）

☆设计笔记

我在设计《人间词话手稿全本》时，设计了两个版本，一个是平装双封面的，一个是精装本的（见059页）。平装本设计的比较清新淡雅，精装本设计的相对简约厚重。虽是两个不同的装订形式，但对于书籍设计而言，都要遵循书籍种类的特点和风格，能够清晰地表达题意和内容，以文学韵味达到视觉美的效果。可见，无论是同一位设计师设计不同装订形式的同一本书，还是不同的设计师设计同一本书，能有无穷的设计方案，而且风格也会各不相同，但都必须是以是否符合题意和内容为标准，也就是说，适合的就是好的设计。

书籍设计基本信息单

书籍书名：感天动地——汶川大地震诗歌记忆
作者署名：无
出 版 社：解放军文艺出版社
封面广告：文字（另附）
书脊内容：书名＋出版社名
封底内容：文字（另附）＋二维码＋条形码＋定价
前 勒 口：汶川，我们从此不在诗歌中为你哭泣
后 勒 口：无要求
开本尺寸：145mmx210mm
书脊厚度：18mm
装订形式：平装（双封面）
★ 设计项目：书籍整体
设计要求：无
设 计 师：晓笛书籍设计工作室

创意设计思路

将外封面设计成一张海报
↓
找一本样书
再裁一张大纸包上样书
海报反折漏出的部分是设计书名的位置
然后在各个部位标记上要设计的内容
计算出折线的位置之后
设计和制作电子文件

电子文件设计完成后
在没有尺寸改动后最好打印出来
再包上样书
验证设计效果
↓

印刷→四色胶印　工艺→UV　纸张→白卡纸＋铜版纸
设计软件→ Adobe Photoshop + Adobe InDesign

海报 A 面

海报 B 面

☆设计笔记

　　书籍封面设计不仅限于常见形式，在适于后期装订工艺的情况下，作为书籍设计师要尝试和创造新的设计形式。学习纸艺和手工，可以增强创新能力。

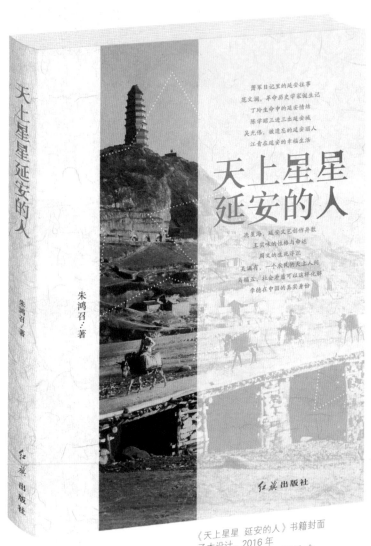

天上星星
延安的人

朱鸿召：著

萧军日记里的延安往事
范文澜，革命历史学家诞生记
丁玲生命中的延安情结
陈学昭三进三出延安城
吴光伟，被遗忘的延安丽人
江青在延安的幸福生活

天上星星
延安的人

流星海，延安文艺创作并数
王实味的性格与命运
周文的生死浮沉
关露有，一个农民的天上人间
马福五，社会矛盾可以这样化解
李德在中国的真实身份

红旗出版社

《天上星星 延安的人》书籍封面
子木设计，2016 年
展开故事时空。封面烫铜色金

〈逆袭民国：最后的士〉
书籍封面，子术设计，2014 年
提炼民国符号，营造文化氛围：突出书名重点字，以点题
散点布局，版面清新

《逆袭民国：那些生如夏花之绚烂的女子》

　　自测作业：以"荷花赞"为书名，内容为诗歌集，设计一个平装书籍的封面。作者署名、辅助文字、出版社等元素模拟自定，设计要紧扣书名、体现诗歌意境。

第 2 节 封底设计 做好捧哏

书籍的封底是相对于封面来说的，主要作用是传递信息和保护内页，从主次关系上，封面为主，封底为次。以前的书籍不太注重封底的设计，有的封底没有任何设计元素，有的则仅仅排书号和价格，非常简单。随着对书籍整体设计观念的不断加强，书籍在封底设计上有了很大改变，得到了重视。设计是平面的，书籍则是立体的，封底在注重完美的版

《50 情怀》书籍整体，王红卫设计，2006 年
封底设计的灵巧而丰富

《人生几度秋凉》书籍封面，门乃婷设计，2007年封底延续封面的设计风格，形成一个大的舞台场景

面设计的同时，还要重视它与封面风格的呼应。从设计效果上要与书籍保持统一的整体风格，在功能上要补充封面信息传达的不足。当读者在拿起一本书的时候，往往有个习惯，看一眼封面之后会立即翻过来看封底，看封底的时间和仔细程度要比封面更长、更仔细。封面的主要功能是吸引读者并告之名字是什么？用不了多长时间，而封底的主要功能是告

诉你书的内容和特点是什么？这是为了进一步了解书籍内容并判断是否购买该书的重要环节。封底不宜再安排书名信息，在一本书中重复相同的信息次数太多，会引起读者心理的反感。封底可以安排对该书的评价、特点、优点和使用说明等图文信息，让读者能够在很短的时间内了解书籍的内在品质。

　　封底的设计要层次分明，保证视觉上的舒适感，以增强书籍的优越品质。封底不宜设计复杂的效果，装饰性的元素要简练、图形风格要与封面一致。色彩的应用可以采取封面延伸的办法，体现书籍外观的整体性，也可以采用色彩对比的方法，与封面形成不同的视觉感受，以体现书籍的立体效果。如果封面的设计效果能够令人激动的话，那么封底就要使人平静下来，相互配合默契，以求平衡之道。

《皇城根儿，胡同从这里出发——游走北京的111个古老地标》书籍整体
奇文云海设计，2005年，封底设计，呼应封面的文化延续性

封底还要调动不被重视的设计元素，如条形码与价格等，这是现在书籍标准化不可缺少的信息。很多书籍的封底，条形码和书号及价格都是很呆板地放在下角的位置，看不出是否用心设计过，致使整个版面不协调，甚至有时还把它看作是一种负担，其实可以把它当作很好的设计元素来对待，与其他设计元素一起构成一幅和谐的版面。条形码的造型其实是非常美观的，在不影响识别的情况下，不妨进行适当的处理。现在出版社有些要求太过呆板，某些元素在版面中的位置有着严格的规定，这样的标准化如果是一刀切的话，对书籍的文化属性及书籍设计是一种不利的制约。

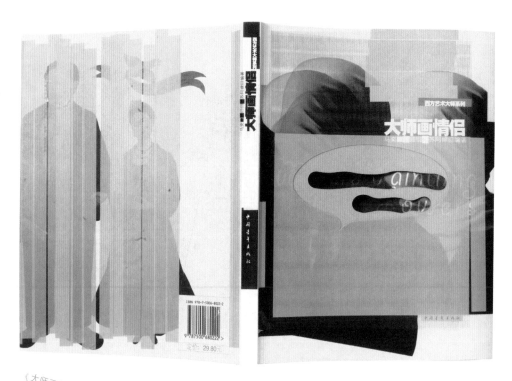

《大师画情侣》书籍整体，吴勇设计，2008 年
设计让封底也有故事

《甘肃印象》书籍整体，程晨设计，2008 年
封底延续了封面的设计风格，使整个版面显得丰富耐品

书籍设计基本信息单

书籍书名：毛泽东文风
作者署名：徐元鸿 / 著
出 版 社：中央文献出版社
封面广告：无
书脊内容：书名 + 作者署名 + 出版社名
封底内容：条形码 + 定价
前 勒 口：作者简介（另附）
后 勒 口：本书书影 + 责任编辑 + 书籍设计单位
开本尺寸：185mmx240mm
书脊厚度：15mm
装订形式：平装
★ 设计项目：书籍整体
设计要求：无
设 计 师：子木

最初的设计方案

方正姚体简体 → 作者提供书名题字

毛泽东签名做起鼓工艺

印刷→四色胶印　工艺→起鼓　纸张→白卡纸　设计软件→ Adobe Photoshop + Adobe InDesig

☆设计笔记
　　我的很多书籍设计作品，是很普通的思路，很简单的设计。
我从来不觉得豪华的设计和包装就是最好的，其实根本就没有
最好的设计。恰当的和适合的设计就是好的设计。在设计《毛
泽东文风》时，考虑到毛泽东文风之简单实用的风格，如果用
过于复杂的设计手段是不合适的，所以我尽量做到简约设计，

136

封底设计延续了封面风格，照片剪影，朱白对应，简约设计营造独特视觉，蕴含哲理

书籍封面出片文件（出血3mm）

抽取代表性的设计符号和语言，能够表达主要特征就够了，过多的语言都是多余的。因此我并没有设计的很特别，但一定要做到恰当。封底的设计可以说是直接把封面风格再用一次，只是把视觉感受给反过来了，再加上毛泽东签名设计成起鼓工艺，都是想把深邃的东西藏起来，能引起读者的探究兴趣。开始的设计方案，书名是方正姚体简体字，是比较恰当的字体，后来作者提供了书法题字，类似情况是比较常见的，从设计的角度而言，可能不是很协调，但也应给予尊重，影响不大。

《听弘一大师讲佛》书籍整体，子木设计，2009 年

呼应、简约、符号

自测作业：以"荷花赞"为书名，在上一节封面设计作业完成后，再继续把封底设计出来，要求封底与封面风格统一，如需设计文字可自行模拟。

第3节 书脊设计 速查功能

好钢要用在刀刃上，书脊就是书籍的"刀刃"，然而，书脊却是容易被忽视的地方。现在因书籍市场的开放、出版、发行和营销形式发生了很大变化，特别是在与读者直接接触的最后一个环节——书店，销售的展示方式，与以往大不相同。以前书店多是柜台式销售，书籍能够展示其封面，读者可以直接了解到封面传达的信息，书脊起到的作用并不大。现在书籍出版的品种和数量飞快增长，致使出版和发行竞争激烈，书籍能够在书店上架，不是很容易的事情。尤其是那些相同题材、书名、品质的书籍越来越多，展示环节的竞争激烈不言而喻。作为书店来讲，大量书籍只能插在书架上，仅给了书脊露面的机会。可谓是"一寸空间一寸金"。读者要想在众多的书脊中找到需要的书籍也非易事，因此书脊设计的重要性越来越明显。如果说封面是书籍的第一张脸，而书脊则是第二张脸。进行书脊设计应注重以下几个要求。

功能要求→书脊是封面不可分割的一部分，所以在设计封面时要与书脊等同于一个版面来构思。一般封面中的主要设计元素，如书名、丛书名、标识、作者名、出版社名等，在书脊上都有体现，最好是除了字号大小有变化

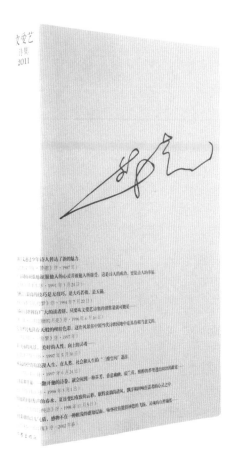

《文爱艺诗集 2011》书籍整体，
刘晓翔、高文设计，2011 年
书脊的设计元素从封面延续过来，有流动之美
书名信息顶在最上方，形成远距离的呼应，颇有诗意

外，字体和色彩应该保持一致。为了确保书脊的信息表达清晰明白，应尽量减少设计元素和层次，切不可把封面上所有的设计元素全部复制到书脊上，使其拥挤不堪，主次不分，造成视觉的混乱。图形的应用要简单清晰。功能要求是书脊设计的第一要素，它主要靠文字信息来体现。书名是要素中的要素，为了保证书名的主体作用，书名设计要便于识别。所有文字的布局不宜平均摆放，要集中主体，呼应客体，增强识别信息的凝聚力，整体效果要把握好读者的阅读和视觉舒适度。

艺术要求→书脊是细长的方寸之地，也许只有书籍才能提供这样独特的设计空间，要利用它的特征，发挥设计力量。具体要求是设计元素要布局合理，符合艺术造型的特性，根据书脊宽与窄的不同，构思精美有趣的设计形式。单行本的书脊设计有一定的难度，应与封面和封底联系起来构思，巧用其设计元素，掌握有呼应、有延续的手法。另外，共性很强的系列丛书的书脊，提供了一个更大的空间，要充分思考系列丛书的整体化设计，这样有利于提升丛书的整体品质。一是系列丛书排列在一起时艺术风格统一化，设计元素的布局与分割完全一致，只是文字和色调有变化。二是把所有书脊看作一个完整的平面，除了保持每个书脊的文字等功能性的元素具备之外，图形类的元素可以组成一幅完整的画面。有的书籍分上下两册或上中下三册的，称为套书，这样的书籍实质上是一部书，由于书籍印张过多，分卷后可以方便使用和增强书籍价值感。遇到这种情况，可以改变单行本的设计习惯，除了文字、图形或标识等主题元素保持一致外，不妨在图形方向、位置和色彩上进行变化，使每一卷的艺术效果不同，但是排列在一起时又组成有规律的形式，这叫变化中的统一。这样可以强化书籍分册的概念，增强数量感，整体效果也会很强。丛书的书脊设计要注意避免凌乱和花哨，应该具有很明显的规律性。套书还可以把所有书脊合并在一起，当作一个画面来设计，比如书名或图形等只出现一次，书名不再重复使用，每一本书脊的书名字体只是完整字体的一部分。由于套书不会分开销售，展示时会排在一起，所以不必担心信息传达不完整。这样会产生一种更新颖的整体艺术效果，强化了书籍的艺术个性。

《乃正书＋昌耀诗》书籍整体
宋协伟设计，2003年
狭小空间营造个性独特的艺术图形
记忆深刻

视觉要求→强调书脊设计，最终还是要通过视觉传达才能展示效果，这是书脊设计的重点，也是营销的要求。具体要布局独特、个性突出、色彩明快、视觉冲击力强，能够做到在众多繁杂的书脊中脱颖而出。统观市场现状，书脊设计的形式比较单一和保守、循规蹈矩的做法是普遍现象。书脊设计要勇于探索，打破常规，提倡个性表现，营造全新的视觉效果。所谓全新，并不是一定要完全放弃规律性的东西，在达到最基本的

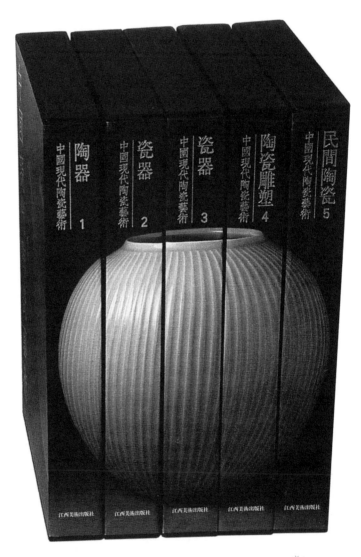

《中国现代陶瓷艺术》精装函盒套书整体，
吕敬人设计，1998 年
函盒书脊有分有合，整体化一，营造视觉震撼

功能要求的前提下，可以最大化地进行创新。对于这个问题，要不断关注市场变化，做到知己知彼，做区别化设计是非常关键的。有时也可以完全个性化设计，拉大与自身封面设计风格的距离。视觉要求关键在于怎样吸引读者的眼球，设计一定要用以少胜多的手法，把设计元素处理得精炼而又有个性，最好能够达到瞬间记忆的效果。

　　书脊设计除了一些基本规律以外，应该多尝试创新设计。如在书脊上做模切工艺，或是将书脊部位的内页锁线的装订模样显露出来，追求一种个性化的效果和原汁原味的面貌。改进固有的设计模式，不断创新，是书籍设计的长远之计。

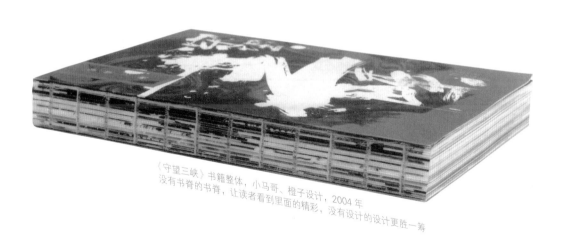

《守望三峡》书籍整体，小马哥、橙子设计，2004 年
没有书脊的书脊，让读者看到里面的精彩，没有设计的设计更胜一筹

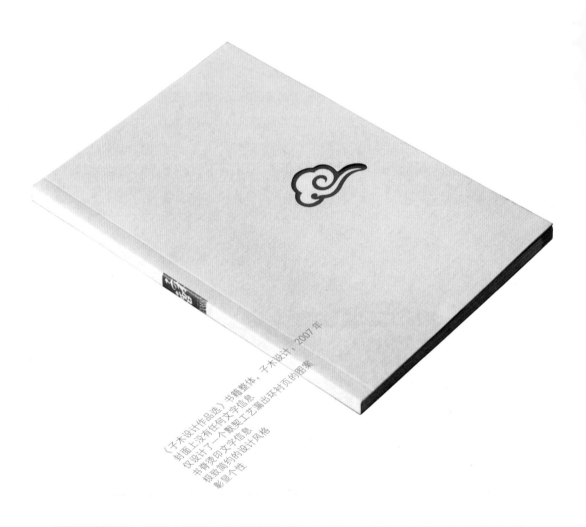

《子木设计作品选》书籍整体，子木设计，2007 年
封面上没有任何文字信息，
仅设计了一个篆刻工艺漏出环衬页的图案
书脊烫印文字信息
极致简约的设计风格
彰显个性

自测作业：以"荷花赞"为书名，在上一节封面、封底设计作业完成后，再继续把书脊设计出来，要求书脊以图形为主要设计元素，出版社、著者等文字信息与封面统一。

第4节 勒口设计 用好金边

　　勒口，是指封面沿书口折进书内的部分。20世纪的平装书籍一般没有勒口，书籍翻阅的久了，封面边缘很容易受到磨损，使书口纸叶卷曲，很不美观。为了避免这种情况，开始在封面和封底版面上延长出一块儿，内折后，起到了保护书籍的作用。另一个原因，是信息量的增加，需要多一些空间，增加勒口是一个很好的办法。对于精装书来说可以勒住内封面，使其不容易脱落。随着功能和美观的要求增多，勒口的宽度从小逐步变大，也开始注意在勒口上设计一些文字或图形信息。勒口的大小，可根据纸张大小来确定。无论书籍的开本是什么样的，封面的大小尺寸，要符合纸张的开数，先把封面、封底和书脊的尺寸计算出来，看看还剩余多少，就可以算出勒口的大小。计算的时候一定要准确，并且要留出裁切余地，尽可能地充分利用纸张，以免造成不必要的浪费，这是设计中基本的要求。如果选择特种规格纸，那就另当别论了。一般情况下，勒口的尺寸略小于封面的一半最佳，如果小于三分之一，就不美观了，如果大于一半就显得有些浪费了。如果是精装书的勒口，最好稍大于封面的一半，这样既可以很好地勒住书籍，也符合审美比例。同时还要考虑书籍设计风格的需要，如果设计的是一般的大众读物，根据一般规律来设计就可以了，如果设计风格非常独特，或又需要安排丰富的信息内容，可以将勒口设计得大一些，甚至大到几乎与封面的尺寸一样都可以，但要留出粘口的余地，以方便翻阅。勒口分前后两个，一般情况大小是一样的，从个性的角度，或一大一小，也是可以的。现在我们比较流行的一种装订形式，就是封面的书脊处不完全粘连住内页的装订口，仅是后面与封底粘连，前面露出装订口，一是为了翻阅方便，二是露出装订口，以显示装订形式。这种情况，可以只有前勒口，而没有后勒口，可以叫作"单勒口"。勒口一般不会展示在外面，但仍然有着很重要的作用。有的书籍也有勒口向外翻的，以增强封面的层次感和趣味。勒口可以安排作者介绍、内容提要、名人名言、名家点评、阅读说明、宣传用语、出版信息、设计特色，以及图形、色彩等，都是可以的，是补充和宣传书籍的有力空间，应该很好地利用。勒口的设计风格要与书籍整体保持一致，以简单实用为好。当然也不排除设计一些具有个性风格的勒口，比如裁切某种形状的，或者设计上"书签"或"藏书票"，可以由读者按照裁剪线将其裁剪下来使用或收藏。

《北京非物质文化遗产传承人口述史——肆雅堂古籍修复技艺汪学军》
书籍整体，子木设计，2016 年
前后勒口设计，即强调信息功能，又注重美观

第 5 节 封内设计 巧花心思

　　封内是指封面的背面，包括封底和勒口的背面。按照书籍翻阅的前后顺序，或者叫作封二和封三。很多情况下，封内是不做任何设计的。现在的书籍封面虽然得到了空前的重视，但还是很少有人注意到封内的存在。之所以这样，一是设计习惯往往遗忘了封内的价值。二是觉得封内是一个不明显的位置，引不起读者的注意，没必要设计。三是成本问题，故而忽略不计。要不要在封内上做设计，要根据书籍的类别和风格而定，一些科普、生活、旅游等类的书籍是比较适合做设计的。为了控制成本，大众普通读本多不在封内上设计东西，成为一种默认的规律。封内做设计，除了可以增加信息的传播以外，更多的还是为了表达一种独特的风格，增加书籍的丰富性和趣味性。封内的设计内容主要以介绍书籍的特点、使用说明、出版广告、图形分解、表格等信息，或是精美的装饰图画。封内设计，虽然看上去是个不起眼的地方，一旦安排设计，就要认真对待，精心构思，这样才能体现书籍的内在品质，千万不要随意而为，否则还不如不做任何设计。书籍设计讲究留白艺术，因此封内设计仅适用于个别的书籍，不提倡成为一种普遍现象。

"中国历史速查手册"丛书整体，子木设计，2004年在封内设计了文物图片的解析图，体现书籍的丰富内容和特别风格

第 6 节 精装书的封面设计 贵在经典

相对于平装书而言，精装书的出版与设计关键在于一个"精"字上，并且还要美。精装书的封面设计主要注意两个方面：一是尺寸的精确计算，二是设计风格的准确把握。精装书封面尺寸的计算跟平装书有很大的不同，具体计算方法见前面的"精装"部分。如果平时很少设计精装书或者不太熟悉怎么计算，可以找一部成品的样书作为参照，自己找出规律，通过实践设计一两次就清楚了。另一个办法，具体到设计项目时，可以请印制厂根据印张数做一本标准的"假书"，这样就能准确无误了。另外，软精装书封面的尺寸计算方法与精装书相似。如果封面不需要印刷或仅印制简单的文字、图案或工艺，就没必要计算尺寸了，只要按照成品版面尺寸的大小，做局部的设计就可以了，出片也是只出局部的，只要标明印制的位置就可以了，其他的工序由印制环节来完成。精装书的封套尺寸同平装书一样，根据成品尺寸并加上多出来的部分来计算。

精装书的封面设计风格，要根据书籍类别和题材内容两个方面来把握。如果是工具类的书籍，如字典、词典、科普等，一般不需要设计封套，封面的设计尽量简单明了，书名要醒目清晰，多以抽象的几何图形和对比明快的色彩做辅助设计，要具有鲜明的时代气息。除此之外，还有旅游、生活等实用性和查阅性比较强的书籍，在设计风格上要突出内容的丰富性和时尚性。工具类书籍也要根据内容和用途的不同，在设计时把握好对内容的准确体现，比如科技内容的工具书，要采用体现时代性的图形和色彩语言；文学历史内容的工具书，要突出与之相符的文化书卷气息，以简约稳重为主体风格。精装书的封面设计风格要把握以"精"为先的原则，以最简单大方的设计手法，能够明确地、直接地表达主题和要传达的信息，并且要始终考虑对后期印制环节的把握。精装书的封面要以书名设

《中国京剧艺术百科全书》函盒精装书籍
子木设计，2010 年
体现艺术特征和文化分量

计为主体，工艺可以考虑烫金、烫银、烫彩金、压凹凸等，文字、图形以简单和表达题意准确为好。精装书的封套设计，要注意内外封面的风格一致，并且要有层次对比。如果封面设计的比较简单，护封可以相对较丰富饱满一些；如果封面的设计比较丰富，护封可以设计的相对简单一些，或者不做任何设计，或是选择一种半透明的特种纸，隐约显现出内封面的设计效果，作为设计师可以做一些新的尝试。另外，如果书籍的内容是以文字为主的，封面设计最好不要用图片元素，设计越简单越好；如果书籍内容图文并茂，封面设计可以相应地丰富些。读者通过封面的设计风格，能够预感到内文的风貌，这就证明了设计作品的成功。精装书的封面设计对工艺的要求也是如此，要以少而精为原则，表现以少胜多、四两拨千斤的设计魅力。精装书的封面在用纸选择上，可以考虑多选择特种纸作为印制材质，

《辨象——行走于建造与艺术之间》
精装书籍整体，何君设计，2011年
细腻的手法、轻松的设计
体现了"精"与"美"

以体现书籍的独特效果。

　　要达到精装书的精美品质，设计是一个方面，另外印制和后期工艺也是一个很重要的环节。现实中有很多精装书，看似精装，但并不精美，原因主要出在后期工艺的制作比较粗糙。因此，书籍设计师在设计精装书时，不要以为把设计环节做好了就大功告成了，最好要跟进后期制作过程，严格要求，及时把关，只有这样才能保障从设计到成品的完美实现。

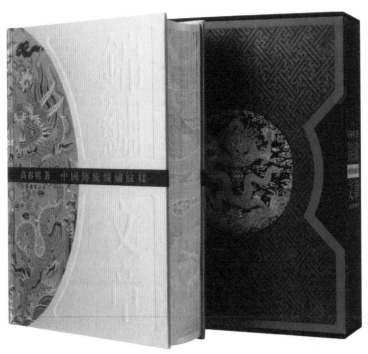

《锦绣文章——中国传统织绣纹样》函盒精装书籍整体
袁银昌设计，2005年
精美与内涵不需要语言

☆**设计笔记**

　　书籍设计，想象与实际往往有很大的差别。从接到设计任务到构思、设计、制作，直至书籍出版，既有逻辑性又有非逻辑性，是一个不易把握的多变的过程。同时，也是一个提出问题，解决问题，产生矛盾，解决矛盾的过程。是否具备解决这些问题的能力，是衡量设计师对书籍设计的认识程度高低的一把标尺。

《周作人散文全集》精装套书整体
张明、刘凛设计，2009 年
简约精美的精装书

　　套书是指由两册以上组成的内容、体例一致的书籍。每册用"上、下卷"、"上、中、下卷"，或更多来排列，一般不会单册销售，如 1938 年出版的《鲁迅全集》1 20 卷。有的套书既可以单册销售，也可以整套销售，书籍同时标注总价和单册价。丛书是指由多册以上组成的同类选题的书籍，其出版数量可以从几册到几十册，甚至上百册不等。选题范围相对于套书来说更为广泛，只要有一些基本共性就可以，一般需要有一个丛书名称。由于套书多为个人文集或共性极强的选题，所以在设计套书的时候，一定要把握最大可能的整体风格，把多册看作是一册来设计，只要把一册设计好了，其他的就按照统一的格局来完成。个人文集的套书每册都是一样的，设计元素，尤其是文字信息，应该一致，有的图形和色彩元素可以稍有变化，但整体风格和设计手法要保持一致。如果是不同作者、不同书名组成的套书，除了设计风格和手法保持一致以外，文字和图形及色彩可以根据每册的不同而变化。套书封面的设计风格要以简约

《神话简史》等，精装书籍整体，张孜滢设计，2005 年
简约朴素的设计风格

大方、信息传达易于识别为重。套书的内文设计风格也要保持统一。套书的封面设计除了注重封面设计以外、还要特别关注书脊的设计，因为套书往往需要整套摆放在一起展示，所以书脊的设计效果最能体现套书的概念。套书的封面设计还要根据装订形式的不同，在设计风格上也要体现出来，比如平装书和精装书的不同。套书在设计之初就要计划好总册数、所以在设计中要考虑好最终的整体效果，并且针对每一册的厚度也要尽量保持相同的设计风格，以体现整体的美感。

"小故事大哲理"丛书，书籍整体，子木设计，2005年
现代书法与水墨画的融合，烘托文化意境，风格整体统一

书籍设计基本信息单

书籍书名：“小故事大道理”丛书
作者署名：王荔 王慧川 / 编著
出 版 社：光明日报出版社
书腰广告：品味文化内涵 启迪人生智慧 领悟生活真谛
书脊内容：丛书名＋书名＋出版社名
封底内容：文字信息＋责任编辑＋书籍设计者＋条形码＋定价
前 勒 口：内容提要
后 勒 口：丛书书影
开本尺寸：170mmx235mm
书脊厚度：16mm
装订形式：平装
★ 设计项目：书籍整体
设计要求：无
设 计 师：子木

创意设计风格
现代书法与水墨画相结合
组成寓意深厚的哲学思想
是本丛书的独特风格

严格意义上说，这并不算是书法，这里可
以理解为是对汉字的书法性设计，具有很
强的趣味性，以达到很强的视觉记忆。

印刷→四色　工艺→无　纸张→白卡纸　设计软件→ Adobe Photoshop + Adobe PageMaker

☆设计笔记

　　佛、道、禅、儒是中国的四大传统文化，它们的哲学思想
影响和推动了中国上千年文明的发展，它们是哲学的也是艺术
的，是精神的也是物质的。“小故事大哲理”这套丛书的整体设计，
以文化的角度及传统哲学思想为基础，运用中国传统的绘画和
书法艺术，运用现代的表现手法，创造一种既传统又现代的风格，
以可视的形式展现抽象的哲学思想。每一册书籍封面的设计都

是一幅完整的艺术作品，依据丛书整体风格的要求，形成一个统一的大的艺术氛围。书籍版式设计，以及书腰和丛书标志的设计都统一在丛书的整体风格之内。因为我本身对中国传统文化和艺术有着浓厚的兴趣，在设计书籍的时候，对这类题材，自然会反反复复地揣摩。我对这套丛书的理解和兴趣，通过自身独特的美术修养，大量创作了水墨画和书法作品，来阐释这套丛书的文化内涵。大胆而独特的设计手法，使得该丛书独具艺术魅力和视觉张力。在设计这套书的时候，出版方没有给我任何要求和规定，所以我可以尽情地发挥特长，这其中也有出版方的功劳。

书籍内页中水墨插图

佛
智慧也
设计之道
不仅重技艺
更要擅智慧也
设计者
谋划之智
可大成

道
道非道
无非无
设计之道
先是无道
再有道
最后归无道

禅
静坐默思领悟禅意
做设计者
可不悟禅
需具清静寂定的心境
即禅心
禅以静坐敛心
止息杂念
以达神奇的更高境界
设计也应如此
少些杂念
才能达到一定的艺术境界

书籍内页中水墨汉字

儒
读书人
做设计必须是读书人
儒雅之气
儒将之风
儒以仁为旨
计以谋为本
以仁爱、仁义、仁慈的宽厚之心
便没有做不成的事
谋善
就没有不能做的事

丛书的设计相比套书而言，要灵活一些，除了整体风格和主体元素的基本风格一致以外，对一些辅助的设计元素，可以灵活变化。丛书在出版的过程中，常会遇到时间跨度长的问题，有的从第一部出版开始，历经几年之久。因此，丛书的设计风格一定要经得起时间跨度的考验，设计手法和应用上要便于后续的操作。如果前期设计很顺手，到后来就感觉越做越费劲，甚至因为素材、手法、开本、印制工艺等因素的不适应，而无法进行下去，这显然是不成熟的设计方案。很多出版单位比较乐于策划系列丛书，因为它有许多优势，一是可以体现出版单位的系列策划能力，尤其是大型系列丛书，也是打造书籍品牌形象的有效途径；二是从选题、设计、印制到出版发行都可以按照系列化的模式进行，可以节约或利用重复性的资源，以降低书籍出版成本；三是在展示和发行时，能够彰显强大的阵容，对宣传和销售都有很大的帮助。丛书一定要在关键的第一步做好系统预测和统一设计，把主要力量放在书籍的共性上，提炼成通用的信息和符号。第一步做好了，随后就轻松多了，即便换了设计师也同样能够做到整体的风格把握。

书籍设计基本信息单

书籍书名：“中国民间艺术传承人口述史”丛书
作者署名：王文章／主编
出 版 社：中央编译出版社
封面广告：国家“十一五”重点出版项目
书脊内容：分册书名＋出版社名
封底内容：国际书展 logo ＋条形码＋定价
前 勒 口：主编简介
后 勒 口：整理者简介＋责任编辑＋书籍设计者
开本尺寸：235mm×305mm
书脊厚度：22mm
装订形式：精装
★ 设计项目：书籍整体
设计要求：无
设 计 师：子木

民 ＋ 间 ＝  丛书 LOGO

印刷→四色　工艺→压痕、贴片　纸张→特种纸＋布＋铜版纸　设计软件→Adobe Photoshop

☆设计笔记

　　“中国民间艺术传承人口述史”丛书为国家“十一五”重点
出版项目，精选十个国家级非物质文化遗产传承人项目。我在
设计这套大型丛书之前从没有接触过非遗类书籍，但我对民间
艺术有着浓厚的兴趣，出版社也没有给我任何要求和压力，我
投入了极大热情。通过对这十项非物质文化项目的细致了解，
加上对民间艺术的敏锐感觉，决定在浩如烟海的民间艺术中抽

《年画世家——年画传承人邵立平口述史》书籍整体，子木设计，2009 年
函盒采用特种纸和布装裱工艺，函面压凹后贴签，设计效果简洁厚重

+Adobe Illustrator+ Adobe InDesign

取最具代表性的艺术符号和色彩。通过对标志的设计可以体现这套丛书的总体设计风格，体现浓烈的民俗性，同时，设计了比较大气的开本和装订形式，在体现民俗性的同时又展现了高端厚重的气魄。为了控制后期的印制成本，避开使用昂贵的材料和印制工艺。考虑成本问题，替出版社和读者降低负担，是我一贯的做法。在设计过程中有很多问题是出版社没有想到的，但我会主动自发地考虑进去，这样会有利于提高设计方案的成功率。这套丛书的设计方案在出版社接受了各个部门的听证，通过设计方案和材料的展示，加上我对创意设计的阐释，并解答了大家提出的问题。

《年画世家——年画传承人邰立平口述史》书籍整体，子木设计，2009 年
封面将大面积空间设计木板年画作品，以充分展示民间艺术的魅力，突出主题形象

这套丛书仅设计了一套方案就获得了一致通过和赞许。通过这套丛书的设计，让我体会到了只有投入热情，主动替出版社考虑，并被充分信任，才能设计出高水准的作品。对于书籍高品质的出版，凝聚着各个环节的心血，其中设计环节是将抽象信息转换成立体信息的重要环节。好的设计方案还要通过后期印制来体现。所以，对后期印制环节也要认真把关。在印制这套

《活在尪仔的世界里——布袋木偶大师徐竹初口述史》书籍整体，子木设计，2009年，既降低了工艺制作难度和成本，函盒左右搭连，天地通，又使保存和翻阅方便

丛书时我跟出版社提出了印制环节的高要求，出版社欣然接受了我的建议。于是，我曾多次到雅昌印刷公司跟工作人员沟通，一同研究印制工艺和对材料的把关。这套丛书的高品质还要感谢印刷公司的认真工作和精湛技艺。这套丛书一经出版就引起了社会的良好反响。2009年10月，这套丛书代表中国非物质文化遗产传承人项目出版物，也作为中央编译出版社推出的重点参展书目，参加了第61届"法兰克福国际书展"和"世界非物质文化遗产保护成果展"；随后又被国家新闻出版总署列入"经典中国——中国国际出版工程"名录。2010年荣获世界青年评出的"中国最美出版物"。

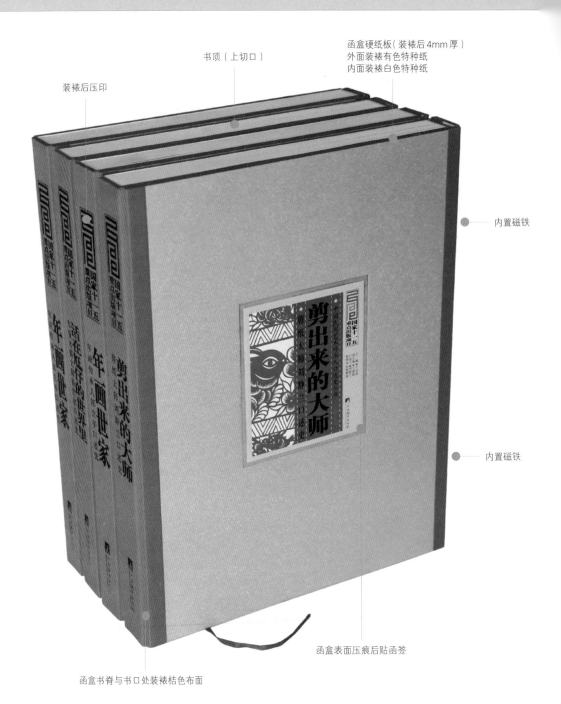

书顶（上切口）

装裱后压印

函盒硬纸板（装裱后4mm厚）
外面装裱有色特种纸
内面装裱白色特种纸

内置磁铁

内置磁铁

函盒表面压痕后贴函签

函盒书脊与书口处装裱桔色布面

《美善唐卡——唐卡大师西合道口述史》
《影戏箭杆王——皮影戏表演大师齐永衡口述史》
《手捏戏文——惠山泥人世家喻湘涟王南仙口述史》

丛书书签

《文心雕漆——雕漆大师文乾刚口述史》
书籍整体，子木设计，2009 年
函盒贴签的设计与封面保持一致的风格
十个贴签为拼板印刷

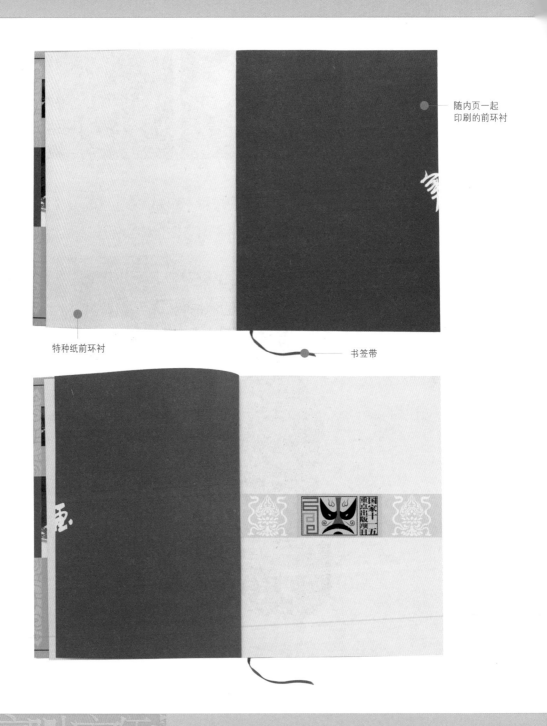

随内页一起
印刷的前环衬

特种纸前环衬

书签带

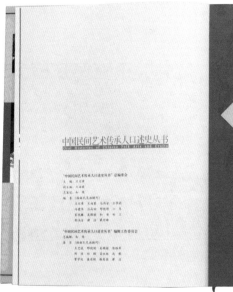

扉页

书籍的版式设计和版面制作

延续封面设计风格，使书籍整体风格统一

版面制作注重环衬、扉页、序言、目录、篇章、正文、小节、链接等环节的统一、协调、变化、疏密、节奏等手法

在保证整体民俗风格的同时兼顾提升阅读的兴趣

篇章开篇页　　　　　　　　　　篇章开篇页

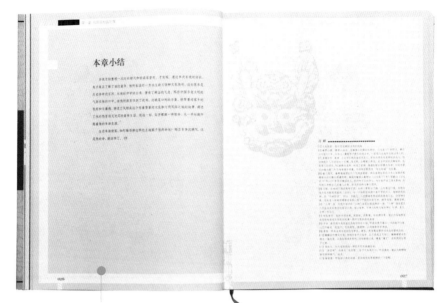

篇章结束页

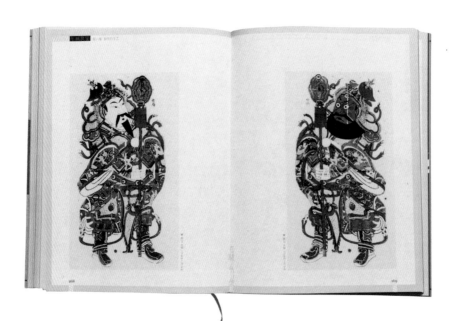

随内页一起
印刷的后环衬

☆设计笔记

　　设计丛书、套书、系列书是我常遇到的事情，有时候会根据需要通过不同的色彩区分各册书籍的不同风格，这在书籍设计中比较常用的方法。如果是十册以内的丛书，色彩选配是比较容易的，如果册数超过十多册以上，那就比较难区分了，尤其是几十册以上时，难免会有色彩重复的情况。利用色彩的不同来区分册的不同时，要根据图书类型搭配色彩的明度和纯度，比如这套

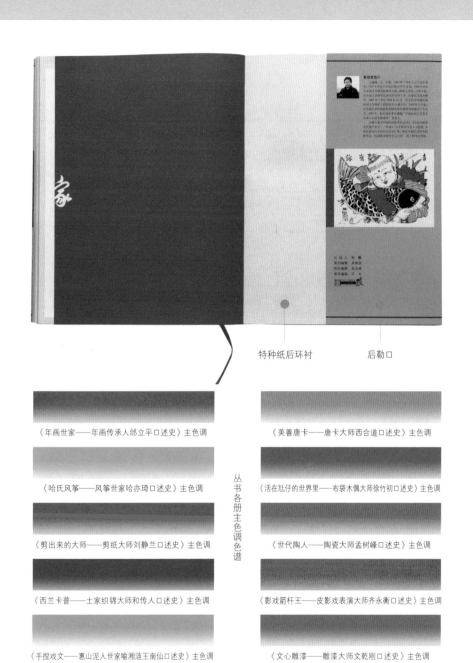

特种纸后环衬　　　　后勒口

《年画世家——年画传承人邰立平口述史》主色调

《美善唐卡——唐卡大师西合道口述史》主色调

《哈氏风筝——风筝世家哈亦琦口述史》主色调

《活在尪仔的世界里——布袋木偶大师徐竹初口述史》主色调

丛书各册主色调色谱

《剪出来的大师——剪纸大师刘静兰口述史》主色调

《世代陶人——陶瓷大师孟树峰口述史》主色调

《西兰卡普——土家织锦大师和传人口述史》主色调

《影戏箭杆王——皮影戏表演大师齐永衡口述史》主色调

《手捏戏文——惠山泥人世家喻湘涟王南仙口述史》主色调

《文心雕漆——雕漆大师文乾刚口述史》主色调

　　"中国非物质文化遗产口述史"丛书，所搭配的色彩明度和纯度都比较高，并且根据各个非遗项目的民间艺术风格，搭配具有代表性或心里暗示的色彩。当各册的色彩确定之后，就把各册色彩并列设置出来，作为色值参照，以便于在设计各册封面和内文排版制作时有一个标准的参照，不至于在设计过程中反复调整，这样有利于提高工作效率。各册色彩确定好以后，不等于书中所有的用色都遵照这个色值使用，有的地方需要严格按照色值应用，有的地方则可以遵循色调的范围使用。也就是说，色彩的确定，其实是给每册书设定一个色调，代表书籍各自的色彩风格。

整理者简介

宋本蓉（1973— ），女，四川西昌人，主要
从事中国非物质文化遗产保护研究。1998年毕业
于首都师范大学，获美术教育学学士学位。2004
年考入北京理工大学设计艺术学院，攻读文化遗
产研究，2006年获设计艺术学硕士学位。2007年
考入中国艺术研究院，师从田青先生攻读中国非
物质文化遗产保护研究，2010年获艺术学博士学
位。2007年开始跟随文乾刚先生学习雕漆，2010
年2月，由北京工艺美术协会主持，正式拜文乾
刚先生为师。专著：《名山之铭》、《中国工艺
美术大师全集·文乾刚卷》。论文：《明洁慈宁
塔——惜字文化的建筑遗存》。

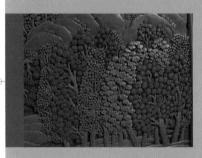

"经典中国国际出版工程"项目

CARVING WITH HEART
An Oral History of Beijing Carved Lacquer Ware

ISBN 978-7-3917-1100-7

定价：398.00元

策划编辑：吴颖丽

责任编辑：王忠波 战 歌

美术编辑：了 木

国家十一五
重点出版项目

中国民间艺术传承人口述史丛书

文心雕漆

雕漆大师文乾刚口述史

主　　编◆王文章
副主编◆王海霞
口述人◆文乾刚
整理者◆宋本蓉

主编简介

王文章，男，1951年3月生，山东寿光人。研究员，博士生导师，文化部副部长，兼任中国艺术研究院院长、中国非物质文化遗产保护中心主任。

曾发表60余万字艺术理论、评论文章，主编《中国学者眼中的科学与人文》、《京城大师程砚秋》、《梅兰芳访美京剧图谱》、《非物质文化遗产概论》、《中国少数民族戏曲剧种发展史》等，曾获全国文化新闻一等奖，文化部文化艺术科学优秀成果奖一等奖、二等奖，国家图书奖，国家图书奖提名奖等。

兼任北京大学、中国政法大学艺术学院特聘教授，山东大学博士生导师，中国戏曲学会副会长，中国艺术人类学学会名誉会长。

文化艺术出版社

《文心雕漆——雕漆大师文乾刚口述史》
书籍整体，子木设计，2009年
封面出片文件（出血3mm）
另外函盒标签需要做出片文件
函盒书脊信息需要做单色出片文件

第8节 书签、藏书票、腰封及包装设计 为书籍加分

　　做书籍设计有时还需要设计书签、藏书票、书腰及包装等辅助的东西。有人认为这些东西对于书籍来说没有必要，既增加成本也浪费时间，致使现在的书籍很多是光秃秃的形象。打开书籍时，如果有书签或藏书票，会倍感书卷之香扑面而来，购买欲望油然而升。读书人也爱藏书，书籍的每一个细节都属于珍藏的范围。

　　书签→为了使书籍更具书卷之气，设计一个书签，必会增色不少。设计书签要把握一个原则，对出版和读者来说，不能成为一种额外的负担。书签的设计意图主要有三个方面，一是以宣传为目的，内容以介绍书籍特点、新书宣传为主；二是以纪念为目的，内容以纪念主题的信息为主；三是以赏心悦目为目的，内容以漂亮的图片或美术作品为主。书签除了画面的设计以外，还可以设计一些特殊的效果，比如有趣味的造型、香味等。书签要具有独特的美感和趣味性，物件虽小，也要用心设计，不能随意地找个花纸头充当，那样不但起不到宣传的作用，还会影响书籍的品质。书签可以另行设计和印制，对纸张或特殊材料的选择，也不要太随意，为了避免增加额外的成本，可以在封面纸张有余量的情况下，随封面一起印制。

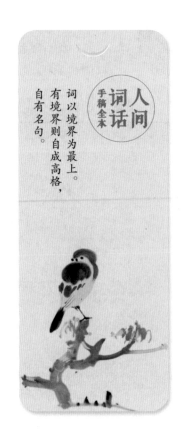

《人间词话手稿全本》
书籍中的书签

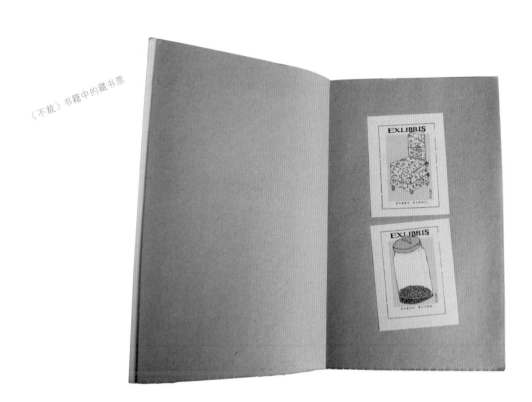

《不裁》书籍中的藏书票

　　藏书票→也是一种收藏门类，很多读者非常喜爱，为了收藏一套漂亮的藏书票而购买书籍的情况也是常有的，可见藏书票的魅力为书籍增色不少。藏书票集欣赏与收藏于一身，一些经典书籍，且发行量又非常少的，最适合设计一套藏书票夹在书中，一种美的呼应，一种品质的象征。精美的书籍搭配精美的藏书票，这是世界出版业通常喜欢做的事情，将文化品位提升到艺术品位，设计和出版为这个社会增色不少。藏书票的设计元素多以图形画面为主，文字信息为辅，设计效果要美观、系统，体现艺术性和珍藏性。

书腰 → 或称"腰封"，是指在书籍封面的外面再包裹一个条型的护签，主要是宣传书籍的特点和出版信息，或为丰富书籍的设计效果而设计，起到装饰的作用。

日本的书籍大多喜欢在封面上套一个书腰，这是细心的体现，是书籍品质的体现，或统一或反衬。书腰对于书籍来说，书腰的设计要与书籍的设计风格相协调。虽然是可有可无，但是有书腰的书籍更显得饱满、成熟、整体、有层次和价值感。

书腰的设计形式主要有横腰式和竖腰式两种。书腰的设计手法是可以多变的，也可以采用各种工艺。书腰的选材最好遵照节约成本的原则，利用封面用纸的节余部分来做，避免不必要的浪费。

《爽——七十年代私人札记》书籍封面
@broussaille 私制设计，2013 年
看似简单的书腰设计，却展现文艺风格和文字的魅力

包装→书籍是文化产品，一些经典线装书、精装书、套书、礼品书等，可以有适当的包装，便于保存和收藏。这里所说的包装并不是指运输使用的大件包装箱。书籍的包装除了起到保护作用以外，更主要的是体现一种整体感和价值感。中国古代非常注重书籍的包装，常有精美的防护装具，现在可以统称为"书籍包装"。书籍的包装形式有多种样式，如夹板、帙、箱、匣、函盒、函套、布口袋等。材质有木、竹、布、皮、纸、PVC等。书籍包装可以分为传统形式和现代形式两种类型。书籍的包装设计应把握三个方面：一是造型结构，要根据书籍的规格和形状等因素进行设计，并且在美观和实用上达到最大的合理性；二是内容，可以是文字或图形信息，以宣传为主，也可以是以美观的装饰为主；三是风格，要与书籍的整体风格相协调，与书籍品质保持一致。包装材质的选择，要根据书籍的品质和造价而定，能够做到内外协调，使整体有物有所值之感。提倡适度的节约型、环保型包装，杜绝过度、奢华的包装。

红木匣古籍，为了防虫防尘，古人会选用硬木制作，以很好地保护古籍

云字函套线装古籍
函套由包裹卷轴的"帙"发展而来
盛行于明清时期
做工精美
对手工技艺要求很高

《Book1/2 半书》书籍整体，韩家英设计，PVC 材质做封套，半透明效果

《怀袖雅物——苏州折扇》函盒新线装书籍整体
敬人书籍设计工作室整体设计，2010 年
传统风貌，多种手法的结合与创新

　　自测作业：请为自己喜爱的一本书设计包装，用麻布材料，自己动手制作一个装书用的口袋，尺寸大小自定，口袋上要用笔书写书名。

第9节 封面的印刷与后期工艺 把好最后质量关

　　封面设计，对后期印刷和工艺要做好预期的判断，前期设计只是一种方案，而印刷和工艺则是将设计方案转化为成果的途径。现在的印刷技术大多采用的是先进的胶版印刷，它最大的特点是印制效果逼真，可根据印刷点数的精密程度调整印刷效果。印刷要求达到300p 的线数，就能与设计效果基本一致。如果对印刷要求更高，可以调整线数更高的密度。胶版印刷与印刷色值 CMWK 四个基本色对应，每色一版，从单色到四色都可以采用胶版印刷，可分为单色印、双色印、三色印和四色印。如果还需要其他专色，如金色、银色、荧光色等，可增加到五色印或六色印等。如果封面设计的非常简单，层次和色彩也少，是一色或两色的情况，本着节约成本的原则或体现特别效果时，可以不用胶版印刷，采用丝网印刷或凸版印刷，效果会更特别。凸版印刷是通过一种特殊材料，如锌版、铜板或树脂等，作为印刷媒介，将图文通过照相技术投射在版材上，用化学药水将没有图文的部分腐蚀掉，需要印的地方凸出来，不需要印的地方凹下去，然后再将腐蚀好的版材固定在印刷机上。每块版只能印刷一种颜色，如果版的面积较大，也可以印刷出渐变色来，但需要人工调色。在 20 世纪七八十年代之前，凸版印刷比较盛行，现在已经很少用了，但烫印工艺还采用这种方法，不同的是烫印需要将版加热才能印制。

　　现在的书籍设计，尤其是封面，总少不了特殊工艺的使用，恰到好处的后期工艺，能够对书籍起到锦上添花的效果。有时印刷只是半成品，特殊工艺是为了补充印刷的不足，使设计达到更完美、更特别的效果。有的书籍仅普通印刷就够了，如普通读物，以及教辅的学习材料等。有的书籍则直接采用特殊工艺，如有的精装或个性化的书籍等。大多书籍是采用印刷与特殊工艺相结合的办法。后期工艺主要有覆膜、上光、模切、打孔、压凹凸、压痕、烫印、UV 等。

覆膜→是指在印刷后的纸张上再覆上透明的薄膜，主要是为了保护纸张不被磨损。覆膜分光膜和亚膜两种，光膜覆后的效果使印刷效果更光泽明亮；亚膜覆后的效果使印刷效果有一种轻微的朦胧感，比较有手感，体现一种含蓄之美。覆膜适用于比较光滑的纸张，比如各种铜版纸，纸面比较粗糙的特种纸等是不能覆膜的。覆膜工艺也有它的弊端，时间长久之后会有脱落的现象，影响书籍美观，因此选择覆膜工艺一定要根据纸张情况和书籍品质而定。

上光→是指在印刷后的纸张上再印刷一遍光油，类似在油画上涂刷上光油，主要是为了使版面更光泽亮丽。这种方法一般不常用，如果遇到印刷效果不理想，色泽发污的情况下，可以通过过油工艺，改善一下效果。如果是想要一种特殊效果，可以通过局部上油来营造一种细微的变化。另外，过油工艺也是针对比较粗糙的特种纸，因不能覆膜而采用过油工艺，也可以起到保护封面的作用。

模切→是指在印刷后的纸张上，通过模版压切出需要的形状，模切工艺可以为书籍增添趣味，调节一下普通印刷的平面感，使

《山西古镇书》书籍整体，万夏、宋丹设计，2004 年
外封面书口和书脊处为模切工艺
书脊拴绳孔为打孔工艺
增加书籍的层次和情趣

书籍更具有把玩的吸引力。模切工艺一般有两种
形式，一是实用印刷厂家现有的模版，比如圆孔
形、方形、菱形、心形等常用的规则形状；二是
由设计师根据需要自行设计的形状，然后再由印
制厂家根据设计师提供的要求进行加工。

　　打孔→跟模切工艺类似，有圆孔、方孔、菱
形孔、五角孔等各种形状。封面或内页都可以打
孔，可以几种形状的孔结合使用。模切和打孔的
效果很突出，所以在设计时要规划好工艺的位
置，并能准确地预测到后期工艺与设计要求达到
一致。

　　压凹凸→指在印刷后的纸张上，通过凸版与
凹版的挤压，使局部凸起，是书籍后期印制中常
用的工艺之一。封面要起鼓的地方主要是书名、
图形、线条等，但是起鼓的面积不宜太大或太小，
笔画不宜太粗或太细，否则效果不明显。另外对
纸张也有一定的要求，纸张太厚或太薄，太软或
太脆，都不合适。起鼓主要是起到一种强调重点
信息、装饰或体现立体层次感的效果，除了视觉
效果得以加强外，同时也增添了触觉感。

《幸福的秘密》书籍整体，子木设计，2010 年
心形树冠通过打孔工艺体现出来
透过内封的色彩，增强立体感和趣味

《毛泽东箴言》书籍整体，2009 年
敬人书籍设计工作室设计，为书籍增添质感
封面右侧的起鼓工艺为书籍增添质感

压痕→与起鼓的制作工艺基本一样，只是效果正好相反，做效果的地方是凹下去的。压痕的地方主要是一些辅助性的设计元素，起到装饰的美感和立体感。有的书籍是压槽后再贴标签的，这也属于压痕的工艺。另外"压纹"也属于压痕的一种，它主要是对整个版面的压纹，起到既节约成本又增加特殊效果的作用。

烫印→是通过对腐蚀金属版的加热，将一种特殊材质烙印在纸张上的一种工艺。烫印工艺在书籍印制上已经有几百年的历史，最常见的是烫金与烫银，烫金后的书籍，会增添华贵的价值感。现在书籍烫印不仅仅局限于以上两种，还有雷射系列、彩色系列、漆片系列等，另外黑色与白色也可以烫印，大大丰富了烫印工艺的特殊效果。烫印从视觉和质感

函盒彩色扎绳

《中国唐卡艺术集成·吾屯卷》函盒平装书籍，
合和工作室设计，2007 年
两种颜色的烫印工艺，增加华丽之感

上都有很强的突出效果，增强了书籍的视觉冲击力和价值感。作为书籍设计，对烫印工艺的使用最好持谨慎态度，如果设计巧妙，使用得当，能够起到画龙点睛的作用。如果不顾书籍品质随意使用，很可能既浪费成本，又损害书籍品质。因烫印材质的不同，效果也变化很多，有的文雅，有的活泼，有的稳重，有的时尚。从设计效果而言主要有两种烫金手法，一是对主题信息进行烫印，比如书名或主体图案，这是比较普遍的做法，一般出版社或作者习惯这样思维；二是对辅助信息进行烫印，通过对不被重视的信息进行烫印，从而起到反衬的效果，以表达书籍品质的含蓄，反而更显书籍的高雅品质，设计师会比较偏爱这种思维。烫印工艺要把握两个原则：一是成本低，效果好，做到宁少勿多，宁简勿繁，把烫印工艺用在最需要、最出效果的地方。二是物用所值，烫印的多少或大小不是目的，目的是通过烫印工艺最大限度的起到好效果。

UV →是将一种透明的胶状物质像丝网印刷那样，附着在纸张上。它是一种紫外线固化剂，通过紫外线的照射后由液体变为固体。作 UV 的地方会产生一种光亮的视觉效果，用手触摸时会有凸起感。UV 的地方多是用在书名或图形等部位，起到一种强调和引起关注的作用。如能反向思维，把 UV 的部位用在非重点部位，通过反衬法与重点部位形成一种更微妙的特殊效果。还有一种方法，就是印刷纸样上没有图文信息，需的信息直接通过 UV 后显现出来，效果很特别。UV 的效果有很多种，有光面 UV、磨砂 UV、褶皱 UV、七彩 UV、水晶 UV 等。UV 是一种容易过时的工艺，大家用得多了，也就没什么稀奇了。(见本书 118 页图)

书籍封面工艺的方法和材质非常丰富，除了以上列举的一些常用工艺以外，还有如镶嵌、雕刻、贴签、栓绳、配穗等特别的工艺。要擅于掌握各种工艺的特性，选择并创意适合的工艺，尝试一些很好的工艺组合。另外对纸张与工艺的适合度也要掌握一些基本常识，对工艺的前后程序也要有所了解，对设计工作会有所帮助。后期工艺的使用要做到恰到好处，不提倡过于复杂繁琐的工艺，以免造成不必要的浪费和适得其反的效果。

《中国民间泥彩塑集成·泥人张卷》函盒平装书籍，子木设计，2009 年
封面书名处为烫印工艺，函盒为压痕工艺

《台北故宫》书籍整体，木光设计，2009 年
封面用了烫印、压痕、模切三种工艺

　　自测作业：请以《四季的回忆》为书名，设计一个切题的图案，然后打印出来，再用刻刀将图案刻下来。通过这个过程，体验一下模切工艺的原理。

☆ **设计笔记**

　　书籍设计师向委托方提供几个设计方案合适？这个问题一定要与委托方沟通，看委托方的要求，尽量满足其要求。对于新的业务关系，一般情况下需要提供两到三个设计方案，有的客户可能会要求更多设计方案，习惯众中选优，其实这是一种不太好的习惯。对于设计师而言，如果对委托人和书籍的了解足够自信的话，可以不必设计那么多方案，一到两个方案足已。如果是很熟悉和很默契的合作关系，认真设计一个方案就可以了，如有不足之处，在此基础上修改。设计要的是质量，不是数量，双方通过一段时间的磨合，达到默契的程度，效率自然就高了。（版式设计考虑一个方案即可）

版式设计
内在品质

中国在新文化运动之前，书籍的内文版式几乎都是按照固定模式，传统的框架结构，文雅简约的风格，几百年没有多大变化。在20世纪初，版面的文字排列由原来的竖排逐步变化为横排，并成为普遍现象。在重视封面设计的同时，也开始注重内文版式的美观，将审美情趣贯穿到书籍的每一个环节。细节决定成败，版式设计的第一任务就是注重每一部分的细节设计，需要技术与艺术的完美结合。

第1节 版心设计 预见阅读

版式设计的第一个环节是版心的设定，版心是书籍内页的基本框架，图文信息排列在版心以内，版心以外的地方可进行边饰设计。版心设计有两种情况：一是固定版心，图文信息在版心的范围内排列，不得冲出版心，这种版心的设计形式，体现的是一种规范、严谨、成熟、稳重的书籍风格。二是无版心，无版心设计的书籍，对图文排列没有规范性的要求，可以在版面中随意排列，突出的是个性化，但书籍订口处要留出足够的空间，避免书籍成品后图文信息的不完整。版心的位置和大小，要根据书籍的开本形状来决定。如历史、文学、学术类等，版心的设计适合小一些，边宽阔一些，天头要比地脚宽一些，这样能够在视觉上感到舒适，体现文雅的书卷气。如百科、工具、生活类等书籍，尤其是图文书，版心可以设计得大一些，边留得小一些，使版面的图文信息更丰富饱满。版心的设计虽然有比较规范的形式，但并没有严格的标准，主要靠对书籍的理解和审美的感觉而定。版心设计虽然要遵循一定的规则，但这不是绝对的，对于设计经验丰富的设计师而言，凭感觉而设计是最佳途径。

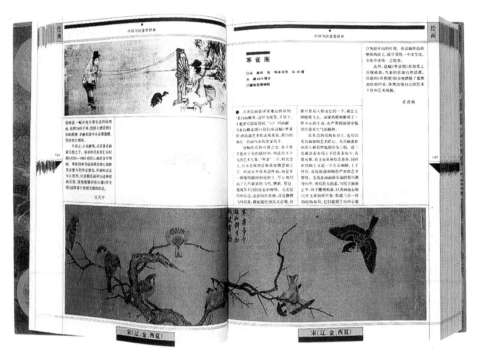

《中国书画鉴赏词典》书籍整体，吕敬人设计，1994 年
大版心，能够体现内容丰富、版面饱满的风格

《我们》书籍整体，胡苨设计，2011 年
小版心，体现文雅书卷气

第2节 边饰设计 小精彩

　　边饰设计的位置一般在版心以外的边缘，设计的内容主要是书名、丛书名、章节名、页码和图形、色彩等。边饰的设计可以在书籍排版制作之初来设计，也可以在排版的过程中，找到感觉后再设计。边饰设计最常用的手法有点、线、面或图案、文字的组合。早在古代书籍中，就比较重视边饰的设计，如中国传统线装古籍中折口处的"鱼尾"，就是边饰的一部分。传统的并一定就是古板的，它凝聚着浓厚的历史文化品位，具有时代风貌。边饰设计是体现书籍整体风格的重要环节，是贯穿书籍品位的延续。有些书籍因过于强调边饰，设计得很复杂，这样不但不利于阅读，也无法达到与内文统一的美感。现在书籍的内文排列是从左到右成行，由上至下成段。竖排（也叫直排）则是从右至左成行，自上而下成列。根据阅读习惯，边饰的定位，要考虑到与文字排列形式的相辅相成。对于边饰，没有什么标准，一切视书籍的整体设计风格而定。

　　边饰点、线、面的用色。边饰的色块和线条一般是用黑色，如果色块面积比较大，则不宜用黑色，适合用浅色。如是彩色书籍，边饰的用色也可以用黑色以外的颜色，但不宜色别过多，一两种颜色即可。色彩的运用应与纸张和书籍风格联系起来，以及色彩的名度、纯度等。过于鲜艳的颜色会夺人眼目，如果不是有意为了达到特别效果，边饰的用色不宜太突出。

　　边饰图案的运用。现在书籍的版式中，图案、图片或符号的运用，主要作用是起装饰效果，美化版式，增加文化品位。它们的选用要考虑书的内容，虽然分量很小，设计得当就会为书增色不少，成为书籍的亮点。图案的选用要具有代表性和完美性，适宜精小美观。图案的色彩不宜过于复杂，单色或灰黑色为宜。

书籍的页码从单一的功能性到与装饰性相融合，发生了许多变化，具体的形式大致分两种：一是习惯中的安排，如确定字号、位置，规规矩矩地放在页面的下边，一左一右者居多，各自居中者也有，还有左边与右边居中、居上与居下等，这种情况除了位置的变化之外，几乎没什么设计，往往与边饰关联不大。二是融入一些设计成分，擅于变化，没有具体的模式，要赋予它生命力。边饰设计的风格要与封面联系起来，封面中的设计元素，可以直接用到边饰中去，还要进行简约处理，更精练、更符号化，从而使书籍内外达到完美的统一。

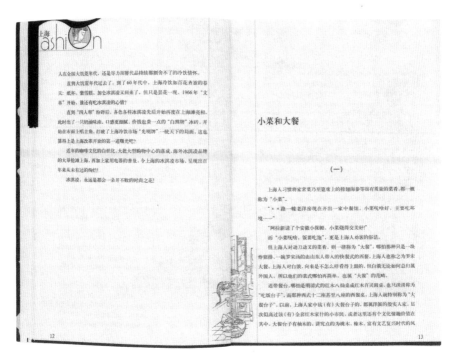

《上海 FASHION》书籍整体，陈楠设计，2005 年
独特的边饰，特别的版式

又堂中挂钟馗图一月，以祛邪魅。"六月二十三为火神诞，以神司火，祷谢者众。二十四日为雷尊诞。城中玄妙观、阊门外四图观，各有神像。蜡炬山堆，香烟雾喷。伶人舁老郎神像入观监斋。"雷尊即道教所称"高上碧霄九天应玄雷声普化天尊"。无锡纸马中除雷尊外，还有"雷部官将"等。形貌奇异，脸色青蓝不一，以示不忠不孝，天雷报应，故多狰狞之面孔。"八月中秋，香肆以线香作斗，纳香屑于中，僧俗咸买之，焚于月下，谓之烧斗香。"苏浙一带无月宫界阴星君之图像，苏州画店中有"月宫牌楼"（图65）及彩旗，旗上印有神仙故事或瑞兽，中秋之夜，祭毕焚烧（图66）。"十二月过年，择日悬神轴，供佛马，具牲醴糕果之属，以祭百神。"苏州纸马中原有很多，随社会变革，原有的印版及印品陆续散毁，今仅存有近百幅，名列于下：

普门大士、家堂圣众、玄天上帝、真人府、百灵圣众、护生娘娘、西池王母、春牛图、南极星君、和合二仙、招财王子、利市仙官、正乙玄坛、灶君、路头、祖师、花神、石神、猛将、田公田母、猪圈之神、水仙、火神、观音、家堂香火、上方太母、本府城隍、本境城隍、当境明王、百无禁忌、飞符之神、五道大神、天地三官、东岳大帝、十殿冥王、七熟之神、劫熟、大旁伯、男新官、

◆图65 月宫牌楼 清代 江苏苏州

◆图66 中秋斋宫彩旗 江苏苏州

缎花、空相白罗头、哪仙、福、大悲咒、多心经、姜太熟、散当将军、八方大利、白虎、坟头土、孤贫求吃、神、猴仙、水夫、火烧亡、地圈神、江湖河神。

《江震志·除夕祀众神豚栅鸡豭琳，皆有祭。"纸马中67），图中之猪，耳大鬃粗，的猪形。清代道光以前祭礼子"、"床公床婆"、"财神马除夕。其时于井旁"置井泉祀以糕果茶酒。废井栏上，至新正三日或五日，焚送神离拭目，令日不昏"。又，"以祀床神，云祈终岁安宁婆"。再则，商家以黄绸纸金串，引而伸之，以黄钱与财挂招牌上，为贸易获利之兆城乡百姓以其为人生中最大"苏州年夜也。市肆贩置南人事之需。除熟食店豚蹄鸡纸马铺、香烛铺预印'路头'宝、缎匹◇◇"（《清嘉录》纸马铺刷印"路头"、"财马"反映了清代中叶苏州已为江中心转移到上海。作为祈求发了刻印纸马的重地。因此浙湖上海屋宇建筑面积较小之实情全国纸马艺术中，形式记锡纸马，其影响之显著，当属无锡位于太湖北岸，地有无锡县。新莽（公元9—23年锡又竭。如此有锡、无锡之反

198 簪

《中国民间美术史》书籍版式，子木设计，2011 年
对称式边饰设计，灵活的版面布局

图神图 清代 江苏苏州

甲马 清代 上海

埠，辟租界，中国社会起了变化，工商经济
着苏州纸马作坊南移，上海城内旧较场路成
格近似苏州（图68），只是版面精小，以适应

型，且其有独特之神秘色彩者，莫过于江苏无

锡而得名。汉初（公元前2世纪）锡竭，乃置
锡"。东汉顺帝（公元126—144年在位）时，
色彩。锡为打制金、银箔纸钱的原料，但此工

民俗版画篇

《细说红楼梦》书籍整体，子木设计，2005 年
简约精美的边饰设计与雅致的版面制作

第 3 节 书口设计 立体起来

书口，或称"切口"。书口设计是在外观上营造一种特别的视觉效果，以映衬书籍的整体风格，书籍成品后得以体现。书口设计基本有两种做法：一是包括在边饰设计之中；二是后期工艺。凡是设计元素做出血的，就会在书口出现图形，可能是一条线，也可能是一个块面。出版人一般不太注意书口的效果会对书籍有什么影响，所以很少考虑到这一细

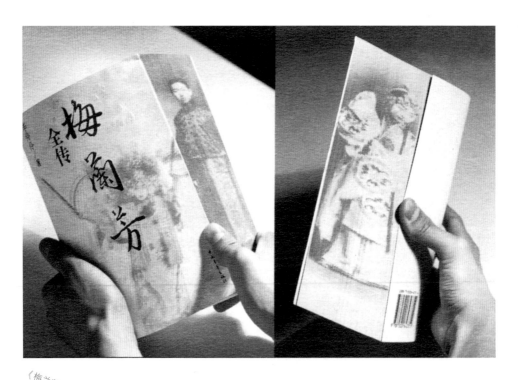

《梅兰芳全传》书籍整体，吕敬人设计，2001 年
精美的书口设计

节。除了书口以外，书籍的上下两个切面，在适合书籍风格的情况下，也可以加以设计。读者在阅读书籍的同时，会感受到书籍内在的品质。若使书口的设计效果能够体现一种秩序或图形美感，在版式设计时需要精心规划，每一个页面都需要精心安排。如果设计的是比较素雅的文化、文学、历史、政治类等书籍，则尽量不做书口设计，要让书口干净整洁。如果设计的是图文并茂的书籍，且许多图片是出血的，单看版面可能是美观的，但因为没有注意到书口的效果，成品后会发现书口有不规则的图形，很不美观。如果开始没有进行

西方古典精装书，书口印图案是比较常见的形式

书籍设计基本信息单

书 籍 书 名：民间赛宝
作 者 署 名：罗晰月 李伟建／主编
出 版 社：经济日报出版社
封面广告：寻找散落民间的珍宝 聆听顶级专家的点评
书 脊 内 容：书名＋主编名＋出版社名
封 底 内 容：图文信息＋条形码＋定价
前 勒 口：内容简介
后 勒 口：责任编辑＋书籍设计者
开 本 尺 寸：170mmx235mm
书 脊 厚 度：18mm
装 订 形 式：平装
★ 设 计 项 目：书籍整体
设 计 要 求：丰富、厚重、个性鲜明
设 计 师：子木

创意设计思路

本书设计创意点在一个"藏"字上，取自"收藏"和"藏宝与民间"之意，将这个概念藏在设计中。因此书口设计的图案正常情况下是看不到的，只有将书口撑开，图案就显现了出来，而选择龙的图案，也暗示了龙时隐时现的文化特点。

书口撑开后展现
右页码图案

书口撑开后展现
左页码图案

印刷→四色胶印　工艺→烫印＋UV　纸张→铜版纸
设计软件→ Adobe Photoshop + Adobe Page Maker

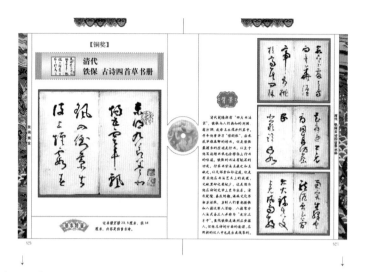

左页码图案

右页码图案

计算移位的范围

计算移位的范围

书口图案移位方法

以本书为例，右页码和左页码分别是不同的图案，图案内容不同，但大小要一致。先将图案的左右边分别减去版面饰边的宽度，这个宽度为版面上的预留尺寸，剩下的中间部分为计算移位的范围，然后以可计算移位的范围尺寸÷（内文总页数÷2）＝每页移位的数据。操作书口图案移位时，最好从总书籍页码的中间开始，先将图案的中间部位固定好，然后每向左翻一个页码，就移动一个数据，向右移动时也是如此。设计书口移位图案一定要在书籍排版制作全部完整，并且没有任何改动后再操作，以免因书籍页码增减而需要重新计算。书口设计需要仔细计算移位，同时对装订提出了高要求，一旦装订时页码错位明显，则影响书口效果。

☆设计笔记

作为书籍设计师，一定要在实践工作中钻研和探索设计规律。不论探索的方法是笨拙的还是简单的，对于自身而言往往就是最实用的。我在设计《民间赛宝》一书的书口时没有经验，完全是自己摸索出来的，也许这个方法不是最省事的，但却是适合自己的。在精心设计的书籍之后，一定要积极跟进后期印制环节，认真把关，不然你的设计作品将很有可能达不到预期的效果，使你的心血付之东流。

书口设计，书籍成品后还可以做一些后期工艺，比如在书口上刷色或烫印（有真金、金箔、电化铝等不同材质），又称"滚金口"，当然还有其他材质的。以前的一些精装书，习惯在上书口刷色，有蓝色或红色等，目的是防止灰尘落在书上，时间久了造成对书籍的伤害，还能引导读者对书籍的一种爱护意识。滚金口，主要为了使书籍外表美观华丽，以提升价值感。书口设计要考虑书籍的风格和品质，对印制工艺的要求比较严格。

《HANS CHRISTIAN ANDERSEN'S》
精装书口"滚金"工艺

第 4 节 环衬设计 完美衔

环衬是指内文版面与封面之间的过渡页。需不需要环衬，没有硬性规定，完全根据美观和书籍品质来决定。有的平装书籍没有环衬，打开封面后直接就是扉页，直截了当。对于优秀的书籍进行环衬设计是很有必要的，尤其是精装书。精装书的前后都有环衬，平装书最好也要有，以示书籍的前后呼应。环衬设计从功能的角度，可以起到连接与保护的

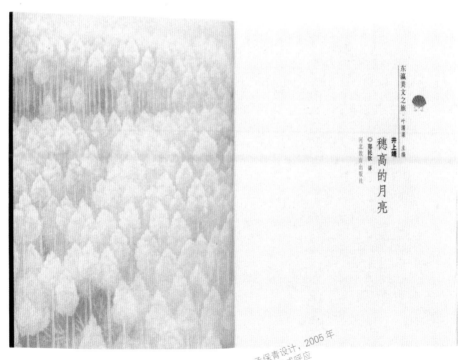

《穗高的月亮》书籍版式，孟保青设计，2005 年
环衬设计营造美的意境，与扉页形成呼应

作用；从视觉的角度，可以起到美观过渡和提升品质的作用。环衬的设计主要有两种方法：一是选择特种纸，不做任何图文设计和工艺；二是作为既独立又有联系的版面来设计。选择纸张时，要把握纸张的色彩、纹路和质感与书籍风格相称，特别是封面到扉页的风格过渡，要起到一种协调的桥梁作用。环衬设计也可以随内文的纸张一同设计，计算在印张内。设计风格要注意其独特性，要与封面和扉页有明显的区别，图形和色彩运用虽然可以与封

《JANE EYRE 简爱》书籍整体，子木设计，2015 年
为世界名著系列书籍设计统一的环衬
体现文学之美

环衬正面

面和扉页有所呼应，但最好不要太相似。环衬的设计元素可以是多样的，图案、图形、文字或色彩，以及后期工艺等。如果环衬要有文字信息，最好不要再重复书名，可以是一句或一段能够引人入胜的文字，吸引读者对内文产生阅读兴趣。如果要设计图形、图案，要以精美为原则，能够让读者产生美感。如果是经典的文学书籍，为了保持书卷之气，环衬可以不做任何设计，留一张"白"纸给读者，以体现书籍的含蓄之美。

环衬背面
正面与背面的图案是一幅完整的图画

第 5 节 扉页设计 阅读之窗

　　扉页是书籍内文部分的窗户，是点睛之处，自古以来就备受重视。扉页一般设在环衬后面的右首页，以方便翻阅，如果是传统的竖排右翻书，则相反。也可以把扉页左边的

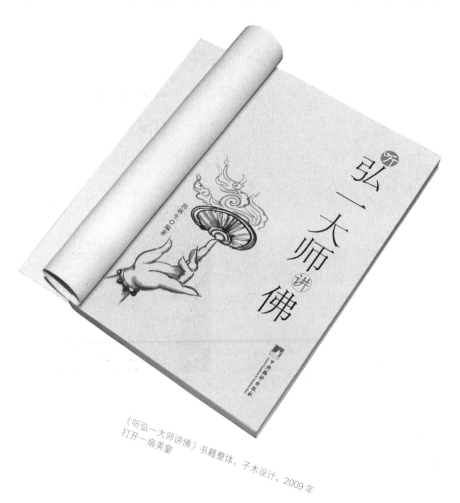

《听弘一大师讲佛》书籍整体，子木设计，2009 年
打开一扇美窗

环衬作为扉页的一部分来设计，左右形成呼应。从功能和审美的角度，它是封面的缩影。因此，只要封面的设计方案确定了，扉页也就基本成型了，甚至有的扉页可以直接复制封面的方案。扉页在采用复制封面设计方案的时候，尽量删掉一些不重要的元素，以简约为主。扉页设计尽可能地少安排或不安排图片，应以文字为主，图片和图案为辅。扉页设计既要按照一个独立的版面来设计，又要与其相邻的版面风格协调，既要在阅读功能和视觉效果上突出于其他版面，又要兼顾整本书的节奏感。

《诗画中国梦》书籍整体，子木设计，2014 年
跨页扉页，使画面阔展

第 6 节 辅文设计 规范与严谨

　　书籍出版要求规范、严谨，设计师在设计的每一个环节都要符合这一要求。书籍一般包括正文和辅文。版权、前言、序、目录、后记等都属于辅文范畴。具体到某一种书籍中，"序"可能也有不同的名称，例如"序言"、"引言"、"导读"、"作者的话"、"代序"、"出

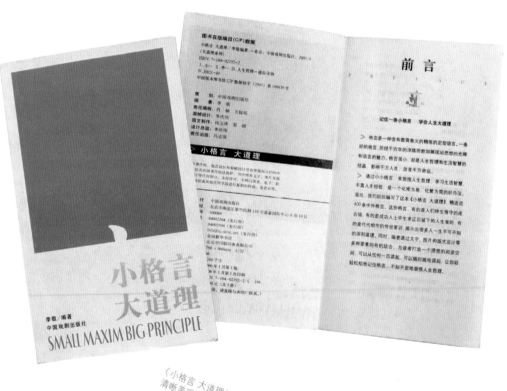

《小格言 大道理》书籍整体，子木设计，2005 年
清晰美观的版权页与前言设计

版说明"等。另外对编写、翻译的稿子其称谓也有所不同，但意思大致相似，这些文字是书籍的重点部分，都要用心设计。按照习惯，序言等文字也是从单页码起，以符合书籍的审美观念和阅读习惯。有些科普百科、社科、生活、时尚、艺术类的书籍也可根据版面情况灵活排版。辅文在版面设计的时候，设计风格要简洁。在字体和版面构成设计上要与正文有所不同，与整体风格保持统一即可。版本记录页是书籍出版必须的一项记录出版数据信息的专页，位置一般在扉页的背面，为单页。设计时要注意两个问题：一是要严格遵照

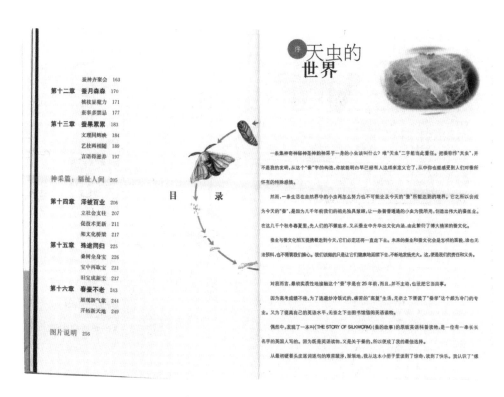

《天虫》书籍整体，陈楠设计，2005 年
轻松有趣的目录设计

出版行业的规范要求进行；二是设计要简单清晰。目录，是快速查阅书籍内容的重要组成部分。目录设计的第一要素就是要保证能够清晰阅读，设计元素和设计手法都要适合阅读并体现美观。有的图文书为了体现丰富的内容和改变单调的版面，可适当装饰一些图案或摘选的短文，突出目录的独特属性。

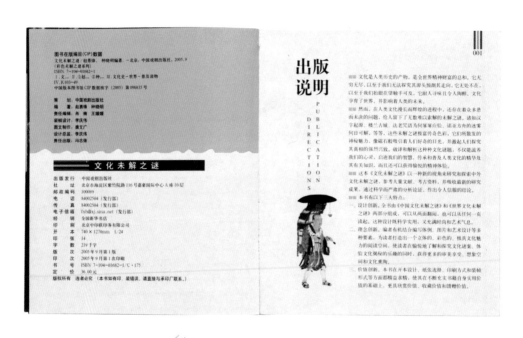

《文化未解之谜》书籍整体，子木设计，2005年
风格特别的版权页与出版说明设计

第 7 节 章节、标题与正文设计 阅读舒适原则

按照正文开始的顺序，一般情况下有章节、标题和小标题等目次，当然这不是绝对的，很多图文并茂的书籍会有更多目次，比如标题也会有好几级之分。在设计标题层次或不同内容时要尽量通过字体、字号、颜色、排列方式等方式有所区别，但同时还要注意不要太花哨，以免扰乱版面效果和增加阅读障碍。一篇文章如果是占一个对页或不超过三页时，

《假如给我三天光明》书籍整体，子木设计，2006 年
章节设计要清晰醒目，调控书籍阅读节奏
遗憾的是，用纸太薄，墨色偷印，影响设计效果

标题不易设计的太沉重，字体不易过大，也就是说标题的组合分量不要过重。如果是超过三页以上，可适当加重分量。这样做主要是为了平衡图文整体的视觉分量。如果是彩色书籍，图片在文字中的视觉冲击力会明显突出于文字，所以，标题要适当加大分量。标题与正文的距离一般在三到五行文字之间比较适合，二级标题与正文的距离一般在一到两行为宜，这是一般的规律，有些书籍，可以打破一些常规。正文首页标题下方一般适合放异形图片，这样有利于从标题组合到正文的柔和连接，打破直来直去的空白块面。而且异形图片的位置适宜高出文字水平线一到两行字。如果没有异形图片可放，方型图片适宜与文字平行或者低于文字水平线以下。除了一些常规的做法以外，提倡灵活设计，以阅读方便，版面美观为好。

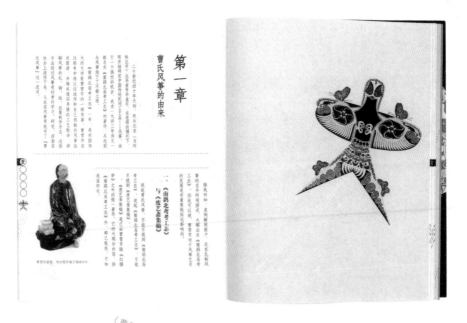

《曹雪芹风筝艺术》线装书籍整体，赵健设计，2005 年
标题与正文的关系，视觉舒适的搭配

第 8 节 插页设计 加菜

插页可分为两种类型：一为专题插页，随书籍内文版面一同设计；二为后期插页，即不随书籍内文版面一同印刷，是额外附加的夹页。为了增加书籍的阅读节奏、使内容或形式更丰富，安排一些图文形式的专栏。这些专栏的设计可单独安排一个或几个版面，穿插在书籍中，体现书籍的特别之处，以丰富阅读内容。设计插页的时候要把握几个要点：1. 专题的设计风格和视觉效果要区别于其他正文。2. 可以作为一个独立的版面来设计，强调其明显的独特性。3. 要把握与书籍的整体协调性和节奏的调节。后期插页一般多为功能性和审美性的内容，比如地图、表格、精美的图画等。后期插页的设计可以比正文版面尺寸大或小，折叠后与正文装订在一起，所以除了基本的设计要求以外，还要仔细计算尺寸及考虑装订的要求。

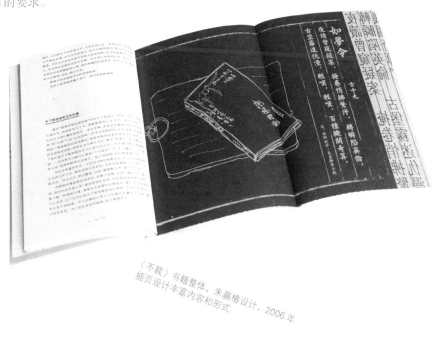

《不裁》书籍整体，朱赢椿设计，2006 年
插页设计丰富内容和形式

第 9 节　排版制作与布局设计 调动美学

　　排版制作是书籍出版的重要组成部分，也是书籍设计师与作者、责任编辑密切沟通与合作的重要环节。设计师通过排版制作，将文稿、图片等信息进行整合设计，完成书籍成品之前的关键环节。现在，在书籍设计行业中，有一条不成文的规则：书籍设计分为封面设计和排版制作两个分支，各自独立完成，互不牵连、互不沟通，这样一来，往往造成书籍的内外品质与风格成为两种境地。除了封面的设计要求以外，也要对排版制作提出高

　　《中国木版年画集成·杨家埠卷》书籍整体，合和工作室设计，2005 年
　　以图片为视点的三角构图，形成稳定舒适的视觉效果

的要求，并且提倡将书籍的整个设计环节都交给同一设计师或设计工作室来系统完成，这样能够保障书籍表里统一的整体风格与品质。排版制作的布局设计有很多方法，分述如下。

三角布局法→是版面设计中基本的构图方法，此法能够使版面的图文排列达到稳定的效果。稳定的构图有利于图文的阅读、平和读者心情。版面中的图片、标题、链接栏目、色块等视觉突出点，都可以调动起来。三角布局法是一个最基本的构图方法，也是最实用、最成熟的方法之一。

单点布局法→适用于一个版面中只有一个视觉突出点。遇到这种情况，如果是图片，可对其形状和大小进行调整，并考虑与文字的穿插与互动，异形图适合放大，方形图适合

————◇———《暖调爱》版式设计，胡胡设计，图文结合的最佳舒适度

缩小，同时要照顾前后版面的布局变化。如果有边饰，也可以考虑与之照应。它的位置可以是居中或居边。如果觉得单调，可以对精彩图片进行引线细解或变换图注形式，以及倾斜图片等手法，以增强灵活感。绘本是近年来越来越受欢迎的书籍，这类书籍是以绘画作为版面主体，配有少量的文字。在版面布局设计上要充分发挥绘画的视觉魅力，文字作为配角，以自由的方式与绘画搭配，没有固定的位置，使版面具有灵动感。

　　单线布局法→适用于一个版面中有两个以上视觉突出点时。构图有对角、对边、顺边、对应、呼应、对称、错落等形式，这些视觉要点可以穿插或交替应用。它有明显的特点和规律，几个点连在一起时形成一条线，表达它们之间的某种联系。

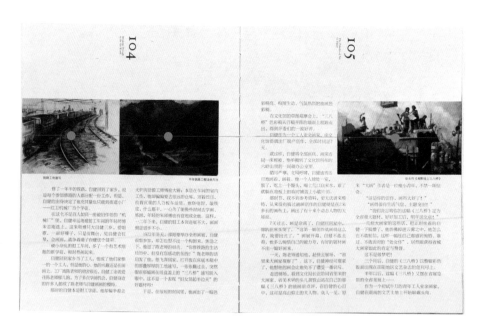

◇─◇─◇─◇　《艺术游侠李自健》书籍整体，戴宇设计，2005 年
　　　　　三幅图片形成一条线，有呼应与秩序感

平行构图法→是在一个版面中有多个视觉突出点，按照一个明显的平行线安排，使版面有平稳、舒适感。为了整体效果还可以把这种方法延续到相邻的版面中。

　　弧线与涡线布局法→是在一个版面或两个版面中，相对视觉突出点比较多的情况下适用。图片排列成一个有规律的弧线形或涡线形，特点比较明显，强调动感和力量的凝聚、容易强化视觉记忆力。

《西安，我的神呀！》书籍整体，赵正刚、王晓飞设计，2012 年
平行布局，对称与呼应

曲线布局法→主要是针对书籍的整体节奏而言，不限于版面的数量。以上各种方法一般是局部性的，而曲线布局则是对整体而言。书籍的阅读节奏会受到内文版面构成的节奏所带动，曲线布局法是完成书籍版面节奏感的最有效的方法之一。图片、标题文字等视觉突出点的形状、分量、位置的布局是营造书籍节奏的设计元素。

《西安，我的神呀！》书籍整体
赵正刚、王晓飞设计，2012 年
曲线布局，调控节奏

自测作业：根据曲线布局法的讲解，请以 180mm×180mm 为尺寸的版面，用 8 幅不同形状的图片，按照曲线布局法设计版面。

第三课

设计之道
回归整体

　　书籍设计，对于整个书籍出版过程来说，是一个承前启后的重要环节，是一个由抽象的图文信息转化为可视、可读、可藏、可传的具象体。书籍设计除了对设计本身的各个环节的掌握以外，还要对前期的书稿内容、图文编辑、出版策划，及后期的印制与发行有所了解与熟知，加以对书籍整体品质的统一掌控能力，才能设计出高水平的作品。书籍设计的整体意识，主要体现在外观与内在品质的统一和平衡，在观、触、品、互动四个方面达到书籍持久的魅力。

　　目前，无论是书籍设计师还是出版人，都对书籍设计抱以很高的期望，用了很多心思去做"包装"的工作。但是，很多时候还仅是停留在做表面文章，把市场销售的因素太多期待于封面设计环节，而忽视了书籍的内在品质和整体风格。书籍整体品质的体现不仅仅是设计环节，更重要的还是图文内在品质，以及形式的多层内容，都要去系统研究。做整体研究不能过于拘束，很多时候因过于拘束和周密反而丧失了轻松自由的艺术活力，这是不可取的。对于书籍整体设计的关注，更多的还要实实在在地关心设计师，细心培养和耐心磨合，给予更多的尊重和信任，这样会慢慢形成一种相对稳定而顺畅的合作关系，那么做起事情来自然会事半功倍。

书籍设计基本信息单

书籍书名： "北京非物质文化遗产传承人口述史"系列丛书
作者署名： 苑利 顾军/主编
出版社： 首都师范大学出版社
封面广告： 无
书脊内容： 丛书名+书名+出版社名
封底内容： 文字信息+条形码+定价
前勒口： 文字信息

后勒口： 书目+书籍设计者
开本尺寸： 170mmx212mm
书脊厚度： 不同
装订形式： 平装
★ 设计项目： 书籍整体
设计要求： 无
设计师： 子木

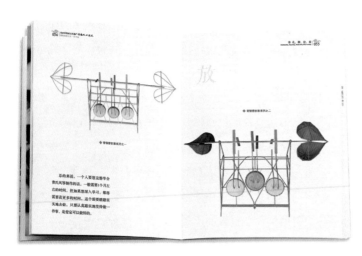

印刷→四色胶印 工艺→烫印+过油 纸张→特种纸+纯质纸
设计软件→Adobe Photoshop + Adobe InDesign

非遗 北京

系列丛书，要完成整体的设计风格，首先要归纳丛书的共性，从而把握好艺术风格的统一，这是一个比较复杂的过程。在设计和排版制作中，既要遵照统一的设计风格，又要针对书籍各自的特点，灵活对待，不能生搬硬套，尤其是内文的版面设计，要充分发挥各自的独特之处。

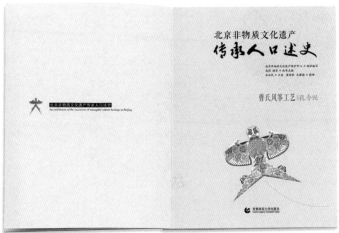

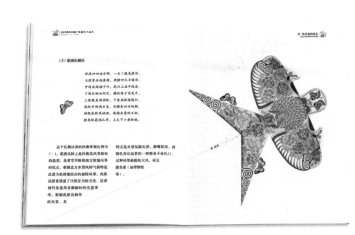

相关链接

春字捧盒，明代有制作，到了乾隆年间，还在不断地仿制，还有用景泰蓝仿制的桃形的春字捧盒，纹样基本没有什么变化。图案是这一个"春"字为主体图案，还有一个寿星，以龙和蝙蝠盒为装饰，这种盒子，是盛放保健药品的。"春"字，代表健康长寿。

《剔彩春字捧盒》（明）

采访手记

时间地点：2013年5月25日 文乾刚工作室
受采访人：文乾刚
采 访 人：宋本蓉 刘同源

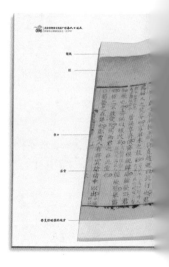

工欲善其事 必先利其器

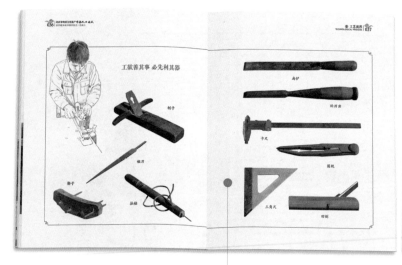

专栏

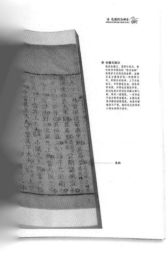

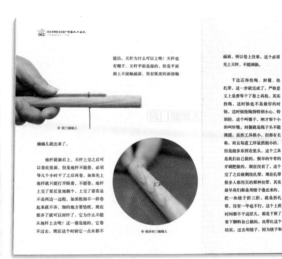

☆设计笔记

作为书籍设计，不论是单册还是系列丛书，最终都要回归到整体风格上来。无论有多少高超的设计说法，也无论是哪个环节设计的多么精彩，即便是每个环节都设计的很完美，那么如果风格不统一、不协调，也是失败的设计。再者，无论设计的多么精彩，如果因为设计而干扰了阅读的顺畅和对书籍内容的理解，那么也是失败的设计。因此，我认为好的书籍设计作品，是把设计隐藏起来。

书籍设计情感路

——子木谈"北京非物质文化遗产传承人口述史"系列丛书的整体设计

我曾用两年时间，为中央编译出版社设计了一套"中国民间艺术传承人口述史"系列丛书，大气、厚重、华美的设计作品，荣获"世界青年评出的中国最美的出版物"。这套丛书在非遗类图书中赢得了重要的一席之地，我也因此得到了锻炼，取得了经验。这次再度承接首都师范大学出版社的"北京非物质文化遗产传承人口述史"系列丛书项目，更是经历了许多感人和难忘的事情。采访与整理者均为经验不足的新手；传承人各种不同情况，为这项工作增添了各种变数和难度。副社长徐建辉对每一个传承项目都亲自整理资料，走访相关单位和人员，并带领我们克服种种变数和困难，才使这个项目得以稳健推进。以往市场上出版的非遗类图书大多为高大上的形象，装帧设计非常华丽，价格不菲，增加了与普通读者的距离；也有一些轻描淡写的普通读物，但缺乏趣味故事和设计之美，很难成为大众读者喜闻乐见的出版物。为了避免这些问题，能够将我国非遗项目的精湛技艺和传承人丰富而曲折的传承故事，更广泛地弘扬于世，确定了要接地气和进入普通百姓家的出版方向。这一决策，在图书出版后很短的时间内，即得到了很好的印证。每一位传承人将书接在手中，便赞不绝口，说我们做了一件功德无量的事情。他们认为以往出版的书过于贵重，都没法送人，这下好了，拿在手里轻松方便，也适合送人，达到了传播的目的。

出版思路确定了，要实现它就主要看设计的力量了。出版社没有任何设限，才使我能够自动自发地投入极大的设计热情，这股热情体现在图书出版的每一个环节，甚至超出了设计范围内的工作。书籍设计师投入热情的多少，决定了书籍品质的高低，这是我一贯的观点。从出版策划到责任编辑，从图片拍摄到整体设计，每一个环节的参与者都同样投入了很大的热情，相互配合。

该丛书对图片的质量要求比较高，为了体现其文化与艺术品质，我提出了补拍照片的要求，并制订了"图片质量要求规范"，对图片拍摄做了详细说明，反馈给出版社。崔景华老师带领摄影团队，又去各个传承人家里补拍照片。此外，为了使图书更具丰富和独特风格，我加入了一些手绘设计，主要是传承人形象图和故事场景图，提升了图书的艺术品质和与众不同的风格。当传承人看到图书时，对此都表达了喜爱之情，这也成为该丛书的一大亮点。在设计《曹氏风筝技艺》时，为了最佳地展示风筝作品的艺术魅力，让"风筝"在书中"飞"起来，对每张风筝作品照片进行分析，如何与文字搭配更灵动、更有趣？我就采用了居中、偏角、对比、倾斜以及附加各种方向感的虚线等手法。在设计《京作硬木家具制作技艺》时，对硬木家具制作过程图片的安排上，借鉴了实木家具榫卯结构的式样把两张图片连接起来，这样就把图片很有趣地调动起来了，避免了方块图片的呆板。在设计《京派内画鼻烟壶》时，我把很多鼻烟壶图片集中起来，并根据题材分几个组，设计成"博古架"图形，这样的展示形式算是一种即兴的发挥吧。当我们带着图书拜访传承人刘守本时，还把女儿李正带了去，我对传统文化和民间艺术的喜爱也感染了她。刘守本引导我们参观他的工作室时，我们都对那一件件精美绝伦的内画鼻烟壶惊叹不已，不过我们的图书也给了刘先生一个大大的惊喜。

书稿的审校问题，不仅责任编辑看，采访者看，传承人也看，作为设计师的我也每稿必看，边看边推敲。虽然增加了工作量，但我们很默契于此，目的就是让图书更加完美，少留遗憾。书籍设计环节中从封面到内文版式，大家对封面的用纸与工艺都进行了多次论证。设计是书籍出版的重要一环，要靠它来展现书籍的文化内涵，但绝对不能为了设计而设计。因此，怎样把设计隐藏起来也是一种设计，因为图书出版的目的是传达图文信息，而不是传达设计本身。尤其是封面设计，我把传承人口述这一概念，通过手绘效果把人物动态作为主体元素，并将传承人作品局部设计在封面的书口处，以及主次分明的书名和介绍文字，组成了一幅传承人讲述技艺故事的画面。该丛书虽然进行了很多的设计环节，但最终的效果简单而明快，很好地统一在整体风格之内。

作为书籍设计师，因与出版社结缘，才有了与非物质文化的缘分，更有了与非遗传承人的友情。《道德经》有云：上善若水。这群热爱非遗文化和出版的人们就像一缕清泉，在我们之间流动了起来。

（子木／文，节选，原文刊登于《出版参考》2016年10月期刊）

书籍设计考题

一、填空题（每个小题为2分，计20分）

1. 与简策相比，卷轴装舒展自如，可以根据文字的多少随时裁取，更加方便，一纸写完可以加纸续写，也可把几张纸粘在一起，称为 _____。

2. 古法线装书的锁线针法主要有 _____ 针。

3. 19世纪末，"新艺术"大大超越了"工艺美术"的传统艺术观念，增强了艺术创作力和夸张的艺术表现力。"新艺术"运动的领军人物是 _____，提到这个名字，首先会想到黑白对比强烈和潇洒飘逸的曲线构成的图画，在书籍插图设计方面具有无可替代的艺术地位。

4. 陶元庆是20世纪中国著名的书籍设计家，请列举你最喜欢的他设计的四本书籍的书名 _____ _____

5. 字体设计是书籍设计中最基础、最重要的环节，它主要包括 _____ 两个方面。

6. 形象而生动的图形具有先声夺人的视觉吸引力，它与文字相符相融，共同完成了传达信息的任务。图形的表现手法可以分为 _____ 三大类型。

7. 在版面设计中，"水平"主要指设计元素在版面中的 _____，集中在一条水平线上，视觉效果具有很突出的规律性。

8. 封面设计的内容主要包括 _____ 等几个方面。

9. 精装书的封面设计风格要把握以"精"为先的原则，以最简单大方的设计手法，能够明确地、直接地表达 _____ 和 _____，并且要始终考虑对 _____ 环节的把握。

10. 本书设计了 _____ 款版式？（请填数字）

二、设计题（每个小题为10分，计20分）

1. 通过对本书的阅读与学习，请以《我的设计》为模拟书名，设计一款个性、前卫的书籍作品，可以是效果图或手绘草图形式，不少于三幅图，并附设计说明。

2. 本书第219页讲到"弧线与涡线布局法"，但没有例举图样，请根据自己的理解，找到一个该布局法的图书版面，或自己绘制草图说明也可。

三、论述题（计60分）

以《书籍设计与书籍销售形式的关系》为题，论述作为书籍设计师通过设计作品，怎样来适应和满足现在书籍市场和销售形式的变化。侧重网络时代下的网络营销渠道的新问题。限2000字。

考题提交方式：

对参与本书考题的读者，考分达到80分以上者参与最终评比，再选出最高考分10名最佳获得者；以此向下选出50名优秀获得者，均给予两个档次的物质奖励。本考题请一律通过网络媒体提交，对考题进行网络评分。并开展书籍设计学习互动和问题解答。关于提交方法，请手机扫描二维码，了解具体情况。

有一种幸福叫分享

　　这部书稿我从 2005 年就开始编写了，随着书籍设计工作的进展，每一年都有新的认识和收获，对最初的书稿则一改再改，至今年已有 12 个年头了。最后，书稿最初的思路和内容基本上都被否定和删掉了，现在所呈现的是全新的思路和内容。书中所选设计作品，一部分是其他设计师的，一部分为我的工作经验总结和研学成果。该书经历了漫长的磨炼，充满了丰富的情感。本书能够得以出版，并与大家分享这部书的故事，我觉得这是件非常幸福的事情，因此更要感谢关心和支持这份幸福的单位、朋友和家人。

　　书中部分图片选自以下书目：国家图书馆《文明的守望——古籍保护的历史与探索》，北京图书馆出版社 2006 年版；上海市新闻出版局《中国最美的书》评审委员会：《中国最美的书——2003—2005》，上海文艺出版社 2006 年版；上海市新闻出版局"2010—2012 中国最美的书"评委会：《2010—2012 中国最美的书》，上海人民美术出版社 2013 年版；中国版协装帧艺术工作委员会：《书境：第七届全国书籍设计艺术展优秀作品选》，中国书籍出版社 2009 年版；张潇：《书装百年》，湖南美术出版社 2005 年版；吕敬人：《书戏——当代中国书籍设计家 40 人》，南方日报出版社 2007 年版；吕敬人：《敬人书籍设计》，吉林美术出版社 2001 年版。在此表示感谢！还要感谢著名书籍设计家、清华大学美术学院教授吕敬人先生，为本书给予莫大的关怀。首都师范大学出版社徐建辉先生，亲自审阅书稿，并同我多次深入而愉悦地沟通，碰撞出很多有趣的课题，为该书补充了许多新的亮点。俗话说"百密一疏，"本书难免有差误之处，欢迎批评指正，在此一并致谢！

子木

2017 年 07 月于北京冰斋